FERD
腾讯网前端研发中心

异步社区
人民邮电出版社
www.epubit.com.cn

前端体验设计
HTML5+CSS3
终极修炼

[英] Andy Clarke 著
腾讯 FERD 译
张耀辉 审校

U0312141

人民邮电出版社
北京

图书在版编目（ＣＩＰ）数据

前端体验设计：HTML5+CSS3终极修炼／（英）安迪
•克拉克（Andy Clarke）著；腾讯FERD译. -- 北京：
人民邮电出版社，2017.3（2018.12重印）
　ISBN 978-7-115-44826-2

　Ⅰ. ①前… Ⅱ. ①安… ②腾… Ⅲ. ①超文本标记语
言－程序设计②网页制作工具 Ⅳ. ①TP312.8
②TP393.092.2

中国版本图书馆CIP数据核字(2017)第022109号

◆ 著　　　　[英] Andy Clarke
　 译　　　　腾讯 FERD
　 审　　校　张耀辉
　 责任编辑　赵 轩
　 责任印制　焦志炜

◆ 人民邮电出版社出版发行　　北京市丰台区成寿寺路 11 号
　 邮编　100164　　电子邮件　315@ptpress.com.cn
　 网址　http://www.ptpress.com.cn
　 北京虎彩文化传播有限公司印刷

◆ 开本：720×960　1/16
　 印张：19.75
　 字数：353 千字　　　　　　　2017 年 3 月第 1 版
　 印数：3 001 – 3 300 册　　　2018 年 12 月北京第 2 次印刷
　 著作权合同登记号　图字：01-2016-4788 号

定价：79.00 元
读者服务热线：**(010) 81055410**　印装质量热线：**(010) 81055316**
反盗版热线：**(010) 81055315**
广告经营许可证：京东工商广登字 20170147 号

内容提要

本书是 Web 设计畅销书《超越 CSS》作者的最新力作，结合当前移动互联网下硬件的变化，以一个资深 Web 设计开发者的视角，将传统的工作方法与最新技术相结合，通过丰富的案例为读者展示了如何设计高效、充满创意的 Web 页面和应用，并通过挖掘高级布局方式、无障碍页面、语义化标签、高级 CSS 技巧等内容，快速提升读者的视野与设计开发水平。

此外，腾讯 FERD 团队（前端研发中心）在翻译本书的过程中，不仅严谨精准地表达出了作者的观点，还兼顾了国内行业的实际情况，帮助读者更加自然地理解原文的要义。

本书结构清晰合理、内容深入浅出，无论您是有一定经验的前端开发工程师，还是 Web 设计与开发的爱好者，本书都值得您反复品味，仔细吸收。

译者序

"从来没有什么最好的时机，唯有张开双臂紧紧拥抱变革，大家加油吧！"当译完这最后一句，我合上略微发烫的笔记本，一种如释重负的感觉涌上心头，而随后又陷入了深深的沉思中。

本书的作者 Andy Clarke 绝对称得上 Web 设计与开发界的"老炮儿"，早前就已经以一本《超越 CSS》而蜚声海外。全书通读下来，能够感受出作者是一位兼具设计师与工程师精华与一身的极客分子，从书里无处不在的侦探硬汉崇拜，我们可以看出他那种打破传统的决心和智慧。

目前在国内，十分缺少像 Andy Clarke 这样十几年如一日的坚持在 Web 设计、前端体验优化的专家工程师、设计师。前端体验介于技术与设计之间，技术圈觉得 CSS、HTML 这些东西都太过低级，甚至连编程语言都算不上，而设计圈则觉得，只要是写代码的事，都和自己高格调的工作没有关系。这样的割裂，造成了我们中很少有人去潜心研究这一领域，反倒是被一波波的前端工程化、构建工具、框架冲击得微微发懵。

可是，对于运行在浏览器端，直接和用户打交道的网站或者 Web 应用，我们真的可以像写脚本程序那样，对体验漠不关心吗？我们的网站只有技术而没有艺术吗？ HTML、CSS 这些技术，仅仅是雕虫小技吗？我想，本书也许是最好的答案，作者积几十年之功，全面介绍了如何使用最新的 Web 展现技术，来实现惊艳的艺术展示，这不仅是设计，更是超越平凡的 Web 设计。

在我的日常工作中，也经常会看到前端圈的这种怪现状，尤其是新入行的同学，花了很多精力在研究新的框架、研究如何把那些工具用到极致，研究怎么提高工作效率，但是却对前端工程师最基础的 HTML、CSS、原生 Javascript 三样技能熟视无睹，尤其是对于 CSS、HTML，这如同坐在一个失去了两脚的凳子上，是无法坐稳的。

同样，很多设计师同学也对写代码这个事心有余悸。但是对于实现的可能性的不理解，会严重限制 Web 展示的想象力和可能性，尤其是CSS，经常会有设计师问我，这个效果能不能实现，那个效果能不能实现，归根结底，还是对 Web 展示技术的不熟悉，这也导致我们很难产出那种充分结合艺术与技术的 Web 作品。

那么该怎么办呢？我认为技术和艺术应该有一个结合点，在 Web 领域，它就是前端体验。这一点腾讯已经有所意识，并在公司内部，专门成立了前端体验的职业通道，并且也在 2016 年召开了第一届前端体验大会，我相信，有腾讯这样的标杆，伴随着互联网产品的极大丰富，人们对于体验的追求越来越高，代码与艺术的结合，打破传统的设计流程和开发模式的作品，将会越来越多。

老实讲，十万多字的大部头，是一个非常繁重的工作，尤其是在还要兼顾工作的情况下。我以及腾讯网前端研发中心的小伙伴，都是在下班或者周末，挤出时间来一点点翻译本书，每一个章节完成时，内心都充满了小小的激动，而当这些碎片全部拼接完成时，反倒归于了平静。

出于对技术的追求，出于对知识的渴望，我们做了这么一件事，当然因为是第一次译书，难免有很多错误和不正确的地方，请各位读者多多包涵，也欢迎与我们交流。

在这里，我要感谢腾讯网前端研发中心（FERD）的小伙伴，没有你们的支持，不可能完成这样的作品；感谢我的妻子，没有你的理解和支持，不可能熬过一个个加班的夜晚；感谢公司和领导，对创新的宽容和支持。

最后，再次感谢本书的翻译贡献者：韩振华、张莉梅、马斌、侯佳林。没有你们的通力合作，这几乎就是不可能的任务。

张耀辉

腾讯网前端研发中心负责人

2016 年 11 月 16 日

献给我的妻子 Sue。

"我看着 Berin 大笑，他转过头盯着自己的枪口 ，杀手满面的仇恨，充满了不甘的尖叫从 Berin 口中而出，而我的笑声却愈来愈大，甚至当我扣动扳机的时候，他的叫声还没有停止。"

——《My Gun is Quick》Mickey Spillane, 1950 年

致谢

感谢 Smashing Magazine 出版社的 Vitaly Friedman、Markus Seyfferth，以及所有帮助本书付梓，并帮我打造了这个分享想法平台的诸位朋友们。

感谢编辑 Owen Gregory 在我写作与出版过程中给予的帮助。

感谢 Natalie Smith 和 Elliot Jay Stocks 为本书设计工作的热情付出。

感谢 Trent Walton 和 Jeffrey Feldman 为本书作序。

感谢 Marc Thiele 为我拍摄了照片。

感谢 Rachel Andrew、Shane Hudson、Mandy Michael、Sara Soueidnn 等编辑精心打磨本书初稿。

再次感谢我的好朋友 Rachel Andrew、Vitaly Friedman、Owen Gregor、Jeffrey Zeldman，以及 Paul Boag、Petra Gregorova、Jon Hicks、Leigh Hicks、Drew McLellan、David Roessli、Jared Spool 等在本书的关键时刻给予的帮助和照顾。

感谢我的公司（Stuff & Nonsense）的客户们，感谢他们愿意为我暂停手中的项目，并且理解我在写作时经常性地漏掉他们的电话和邮件。

感谢 Sue Davie、Steven Grant 、Joe Spurling 容忍我写作时候的坏脾气。

最后还要感谢我的家庭，无论做什么，你们才是我人生中最重要的部分。

Jerey Zeldman 推荐序

Andy Clarke 并不太像一个传统的不修边幅的码农，他干净利索打扮得体，而且永远充满了想法。对于如何创造好的前端体验，他总是充满热情，并且能提出丰富的见解。

一直以来，Andy 贪婪地探索着 CSS，并从中获得了极佳的灵感，您现在阅读的这本书，也许正是他过往的创意沉淀。通过本书你可以了解到：在日常工作中为什么要使用 HTML5 以及 CSS3；如何以及何时使用这一前瞻性的 Web 技术。让我们从现在就开始，学习并使用起些酷炫的东西吧。

每一位 Web 设计师和前端工程师都应该拥有这本书，但需要注意的是，本书不适合羞于尝试的人。如果你对实现多浏览器的 CSS 圆角不寒而栗，如果你对实现一个 CSS 阴影就心满意足，那么这本书的确不适合你，现在就合上书页，回到你传统守旧而又安全的过往经验中去吧。

但是，如果你对自己的技术现状心怀不安，渴望拥抱 Web 设计的未来，并且坚信不能执着于过去的经验，那么，这本书就是特意为如此努力的你准备的。

Trent Walton 推荐序

如果五年前你告诉我说，命令行会成为 Web 设计与开发工作流中的一部分，我肯定会认为你疯了。同样，像 CSS 预编译，以及用其他方式代替浮动布局这样的事，在那个时候似乎都不敢想象。

作为一个前端工程师，我们生活在一个不断被各种新技术和尝试侵蚀的世界。然而无论 Web 技术如何演进，基本的理念应该是保持不变的。单一方案解决单一问题的时代一去不复返，在发展如此迅速的行业里，动辄沿用老办法对待新问题是十分危险的行为。而如此大的变化，使得我们心生畏惧又精疲力尽，那么我们该如何让自己跟上行业变化的节奏？

互联网作为我们的主要工作平台，承载了所有的人类知识，互联网的无限性，也使得保持内容历久弥新成为至关重要的事情。而作为互联网从业者也需要花费大量的时间，在网上浏览我们所需的内容。基于网络知识的庞杂和无系统性的增长，导致在这个平台上学习，像在黑夜里抓东西一样困难。

也许，深入理解每一个问题发生的机制与环境、知晓每一个解决方案背后的逻辑和原理，远远不像网上搜索式学习那样，可以快捷、方便地解决眼前的问题。你是想通过关键词搜索到 ChrisCoyier 的 flexbox 布局指南？还是真正摸透 flexbox ？我想答案不言而喻吧。

搜索式学习，也许很适合在繁重的工作环境里的人。然而，万变不离其宗，像学习任何一门学科一样，我们都要挤出一定的时间来深入理解我们使用的技术和工具，以保证我们对于这些东西背后原理的认知和巩固，方便我们在未来轻松应对更多的难题。

作为一个发展中的行业，我们需要这样的书籍，来帮我们梳理今天 Web 设计与开发中各种激动人心的最佳实践。在本书第 1 版上市短短五年后，作者就升级了书中的内容，也是本书和作者对推动行业发展所做贡献的最好证明。感谢 Andy 的卓越研究，让我们可以继续完善我们的技术栈，向着新的 Web 设计开发方式前进。

前言

如果你在 Web 设计和开发的岗位做得时间足够长，那么你的书架和电子书架上应该已经塞满了关于 HTML 和 CSS 方面的书籍，甚至也许已经买过我之前出版的《超越 CSS——Web 设计艺术精髓》。那么，为什么你还需要这本书？

这是一本面向那些富有创造力、渴望理解 WHEN（何时）、HOW（如何）和 WHY（为什么），以及积极实践 HTML 和 CSS 新特性的 Web 设计师和前端工程师的书。拥抱新技术，就从现在就开始，不是明天或者下周。这本书不会教你如何书写基本的 HTML 标签或者 CSS 样式，而是会传授对于学习新知如饥似渴的你，如何正确使用这些新特性与技术，让你的网站更有创造力和想象力，更加适应不同的设备与环境。

如果你非常在乎标签的使用与清晰的表达，那么在本书中，你将会学习到如何使用富语义化的 HTML 标签来构建网页。内容将会从微格式涵盖到 WAI-ARIR 无障碍访问。了解这些内容，会帮助你减少对那些非语义化标签的依赖，从而使你的网站性能更加卓越。

如果你是一位设计师，希望了解最新的 CSS 技术以及了解它能带来什么样的创意灵感，那么本书将会教你，如何在支持这些特性的浏览器中更好地使用它们，以及如何更加优雅地兼容那些老的、且支持效果不好的浏览器。

为什么更新本书

我们在 2010 年出版了本书的第 1 版，至今尽管只有短短的五年时间（本书最新英文版于 2015 年出版），但是就在我创作新书期间，无数 Web 设计理念与技术都已发生了改变。在 2010 年本书第 1 版出版前的数周，苹果公司发布了 iPad，随后它改变了人们与网站的互动方式；在第 1 版出版前的 5 个月，Ethan Marcotte 发表了他的"响应式设计"一文，这一思想不可避免地造成了 Web 访问的变化，这一全新理念冲击了当时的 Web 设计和开发行业；在 2010 年的那个时间节点，设计师与工程师们还在为迁就那些老旧桌面浏览器的缺陷而殚精竭虑，鲜有人去展望未来。现今，人们更多都是在使用智能手机来访问互联网。

这些年，那些拖后腿的老旧浏览器已经逐渐退出历史舞台。我们不必再为那些不支持圆角、阴影、透明度甚至是 RGB 色值的浏览器去写一些 hack 的方法。来自苹果、火狐、谷歌、Opera 甚至是微软的现代浏览器，都对 CSS 有很高的支持度，但是它们依然是对一些仅自己支持的特性更加友好。

对于大多数老板和客户，他们的焦点目前都放在了设计数字化产品上，而不是网站。不管我们如何去做，只设计静态网页视觉稿的传统方式，已经被组件化的设计所取代。如今，我们在设计环节使用 HTML 和 CSS 做原型设计，在随后的迭代中通过代码来不断完善产品，而不是设计更多的视觉稿。事实上，我们的客户早已习惯于这样的流程，并且很多人还满怀期待。因为他们可以很快地在自己的智能手机或平板电脑上亲眼看到我们的响应式设计理念。

五年的时间会改变很多事，但是我们对于设计和开发的心态却从未改变。以前我们可能困扰于类似 border-radius 这样的 CSS 属性的兼容情况，现在同样对于使用 flexbox 心存担忧。在各种各样的 CSS 研讨会上，我常常惊诧于如此之多的人到现在还拒绝使用类似 border-image、background-blend-mode、filter 等等这样的属性，即便现代浏览器已经支持这些特性了。

Web 技术在不断进步，但万变不离其宗，这也是为什么本书所阐述的方法依然有效的原因，甚至这些经验在移动端显得更加重要。现在针对多设备的响应式设计，要比本书第 1 版出版的时候多了太多。你准备好开始这趟 Web 设计的奇幻之旅了吗？系紧安全带，加大油门，出发吧！

阅读提示

这是一本关于最新的 CSS 和 HTML 技术的书，我们假定读者都是设计师或前端工程师，且熟知如何书写结构良好的页面，也就是说，你是使用 HTML 标签与 CSS 来完成设计的。阅读本书是否需要知晓全部的 CSS 知识？不需要，不过如果你能理解选择器以及当前层这样的技术概念，将会对阅读大有裨益。如果你刚接触 CSS，我希望本书可以给予你启发和鼓舞，并且能够让你了解到"硬派"的意义。

你需要做什么

你需要准备一台 Mac 或者 PC 电脑，上面安装几个现代浏览器和它们的开发者工具插件，如果有智能手机或者平板电脑更佳。你可以使用自己的设备，来访问"Get Hardboiled"网站上的案例，体验在不同的屏幕分辨率，不同设备上的浏览感受。我强烈建议您安装如下浏览器。

Safari

在 Mac 上打开 Safari，点击 Safari 的 Preferences 按钮，点击"高级"选项卡，然后选择"Show Develop menu in menu bar"这将会开启 Safari 的开发者工具。Safari 是 OSX 下的默认浏览器，使用的是 iOS 渲染引擎。

Chrome

鉴于 Safari 浏览器使用了 WebKit 的渲染引擎，于是谷歌旗下的 Chrome 改用了自己研发的 Blink 引擎，Chrome 浏览器拥有非常好的扩展工具，可以帮助我们在设计和开发网站的时候，十分方便地在浏览器中调试。

Firefox

安装最新版的 Firefox（火狐浏览器）以及最近可用的 beta 版。它以其丰富的扩展而闻名，目前它仍是广受用户欢迎的浏览器。

Edge

Edge 是微软最新款的浏览器，它的 LOGO 很容易让人追忆起 IE 浏览器，但是它抛弃了前辈过往的包袱。Edge 目前只支持 Windows 10 操作系统的 PC、智能手机、平板电脑以及 Xbox 的命令行。对于旧的操作系统，暂时不提供支持。

Opera

旧版 Opera 浏览器使用的是自家研发的 Presto 渲染引擎，目前最新的版本已经改为和 Chrome 一样的 Blink 内核了。

你无须特意准备任何写代码的软件，找个你喜欢的文本编辑工具即可，我用的仍然是 Espresso。

本书案例网站 "Get Hardboiled"

在本书中，我为读者建立了一个名为 "Get Hardboiled" 的网站，并通过每一章节的案例，帮助读者理解本书的内容。这些案例使用了最新 Web 技术，展现了精彩绝伦的体验。看过之后，你会忘记那些在老掉牙浏览器中做 Web 设计的痛苦。

你可以在 GitHub 上找到这些代码。

"Get Hardboiled" 上的大量案例可以激发你的灵感，同时帮助你更快更好地使用最新的 HTML 和 CSS 特性。

必读书单

《红色收获》Dashiell Hammett，1929

《马耳他之鹰》Dashiell Hammett，1930

《邮差总是按两次铃》James M.Cain，1934

《双重赔偿》James M.Cain，1943

《长眠不醒》Raymond Chandler，1939

目录

第一部分——前端工程师必须了解的几件事

第 1 章　超越平凡的 Web 设计 ………………………… 2

第 2 章　Web 设计的峥嵘岁月 ………………………… 7

第 3 章　Web 标准之路 ………………………… 14

第 4 章　浏览器差异化呈现 ………………………… 20

第 5 章　组件与原子化设计 ………………………… 28

第 6 章　Web 设计规范 ………………………… 42

第二部分——HTML 终极修炼

第 7 章　直击 HTML ………………………… 62

第 8 章　语义化与微格式 ………………………… 83

第 9 章　构建无障碍应用 ………………………… 104

第三部分——CSS 初级修炼

第 10 章　CSS 基础 ………………………… 110

第 11 章　flexbox 布局 ················· 130

第 12 章　响应式字体 ················· 156

第 13 章　RGBa 和不透明度 ················· 168

第 14 章　边框 ················· 183

第 15 章　背景图像 ················· 197

第 16 章　渐变 ················· 206

第四部分——CSS 高级进阶

第 17 章　混合背景与滤镜 ················· 222

第 18 章　CSS 转换 ················· 237

第 19 章　CSS 过渡 ················· 261

第 20 章　多列布局 ················· 281

第 21 章　前端体验设计之旅 ················· 298

第一部分——前端工程师必须了解的几件事

随着智能手机等移动设备的广泛使用，网页的设计和开发产生了深刻的变革，但是我们向老板和客户设计呈现网页设计的方式，以及我们对于HTML和CSS的认知，并没有发生太大改变。

在这一部分，你将会重新审视渐进增强和优雅降级等概念；你将会了解Web标准是如何制定的；你将会懂得如何去创建一种独立于响应式布局的设计风格；你还会学习到如何向老板和客户展示设计。尤为重要的是，你将会明白，响应式网页设计是实现创造性工作的绝佳机会，应该紧紧抓住。

第1章 超越平凡的Web设计

在孩提时代，我就对侦探小说很着迷。是的，侦探小说。既不是乡间别墅谋杀案，也不是密室推理小说，这些类型的小说从来都不是我喜欢的风格。我所指的是雷蒙德·钱德勒（Raymond Chandler）、达希尔·哈米特（Dashiell Hammett），以及我个人最喜欢的米奇·斯皮兰（Mickey Spillane）等作家所创作的那种坚韧有力的小说。

现在回到本书的最开始，读一读那段引言，那可不是我在参加客户会议或 W3C CSS 工作组会议时所做的笔记，尽管直接使用笔记的内容很容易。那段话摘自我最喜欢的一部侦探小说——米奇·斯皮兰（Mickey Spillane）所著的经典"硬汉"侦探小说《My Gun Is Quick》。

即便不是侦探小说迷，你应该也听说过或者看过一些"硬汉"电影。你或许熟悉亨弗莱·鲍嘉（Humphrey Bogart）刻画的私人侦探 Sam Spade。这部电影改编自达希尔·哈米特于 1941 年出版的小说《马耳他之鹰》。这是历史上非常精彩的一部侦探电影，仅次于那部《谁陷害了兔子罗杰》。

演员斯塔西·基齐（Stacey Keach）的表现如何呢？ 20 世纪 80 年代，他在 Spillane 的电视剧《Mike Hammer》中的表演算不上硬气，然而总比没得看强。

没错，就是下面这个家伙。

你对这类小说感兴趣吗？我真希望你立马就去读一读，可以从那些经典的小说开始，越老越好，例如小说家达希尔·哈米特的《马耳他之鹰》或雷蒙德·钱德勒的《长眠不醒》。对怪咖侦探、贵妇与警察内鬼的故事感兴趣吗？ Mickey Spillane 的小说是我的最爱。你可以从《My Gun Is Quick》和《复仇在我》开始。

从 20 世纪 20 年代开始，硬汉派侦探小说就充斥着暴力、犯罪场面。罪犯虽然凶狠，但英雄也充满了个性，他们从不掩饰真相，从不要小聪明。作为读者，我们需要知道真相，不管事实是多么腐败不堪。

各种硬汉派侦探小说里的这些主角让我着了迷，如 Hammett 描写的 Sam Spade，Chandler 笔下的 Philip Marlowe，特别是 Spillane 小说里所描写的 Mike Hammer。

硬派的作风

身为侦探的主角们每天的工作，就是用枪指着别人的太阳穴，或者一拳揍烂坏蛋的五脏六腑。别人搞不定的事情，只要主角出马准能办成。他们不需要规则，那是为胆小鬼和无能警察准备的东西。

硬汉侦探有时会和警察一起破案，但硬汉总是深入险境，因为在必要的时候，他们从不受条条框框的限制，从来都是按照自己的规则来破案。当然，法律、法规和惯例很重要，但有时只有通过伸张正义才能获得实现这些规则。当人们不能做那些他们认为正确的事情时，人们就需要这些不畏险境的英雄出手相救。

这些英雄们特别擅长做警察和其他人搞不定的事情，因为他们的行动并不受规则及惯例的限制。我们为他们加油打气，并全力支持，不管这些人多么不羁和残酷，因为我们需要他们。作为前端工程师，我们可以从这些硬汉身上学到很多东西，本书的灵感便来源于此。

硬派的设计

为了创造最好的设计体验而永不妥协，才称得上够硬派。推翻限制、打破或创造新的规则，毫不畏惧，这才是我们的本色，并且要让网站在任何可能的情况下都具有更强的适应性。在这个套路里，需要毫不犹豫地充分利用新技术。

说起来简单，做起来并不容易，但如果你已经准备好挑战自己，深呼吸，稳住神，准备迎接一个漫长的夜晚吧。

致故步自封的人

无论是在现实生活中和还是在虚拟网络中，我们需要规则、约定和标准。但是，我们应该利用它，而不是定义它，更不是限制它。虽然网络已经有 25 年的历史（当我在写这段的时候），我们已经提出了它的标准，例如 W3C 标准组织，充当了所谓的 Web 标准技术，如 HTML、CSS 和 JavaScript 的监护人的角色。

我们还建立了一系列最佳实践，如移动优先、渐进增强和响应式 Web 设计等，指导人们使用这些技术来构建极富可用性——跨浏览器兼容、方便残障人士、视觉上更吸引人、搜索引擎优化——的网站。

但是，世界还远远不完美，这些标准和最佳实践至今都只是"建议"，W3C 甚至使用这个词来形容他们维护的规范。

除了迫于同行的压力和常识之外，并没有法人实体或者其他机构可以强制浏览器厂商和互联网专业人员采用这些标准并做出最佳实践。如果这本书是为他们写的，这将是一个完全不同的书。

当我五年前第一次写这本书的时候，Web 设计的标准做法是，创建一个在所有浏览器中看起来和用起来都相同的网站，而不去管它们的性能如何。要做到这一点意味着要委曲求全，例如需要避免使用某些技术，因为有些浏览器不支持不支持此项技术。

这就让你心满意足了么？

当然不行！这个套路无法让你建立出色的网站，并且这种过时的做法阻碍了我们的进步，让我们不思进取。作为互联网的守护者，我们所做的最糟糕的事，莫过于不思进取的老旧观点无动于衷。

"我们必须做我们的老板和客户想做的事儿！我们要做他们所期望的事情！"

在这方面我算是个老手了。我深知，在帮助客户实现想法的时候，完全可以使用最新的 Web 特性，充分展示我们的创造力。这才是硬派的 Web 设计。

在寻找超越习以为常的方法之前，让我们扪心自问，为什么我们对待全新的 Web 技术会如此谨慎？

你也在抱怨吗？

当我的第一本书《超越 CSS》在 2006 年出版的时候，支持 CSS3 新特性的浏览器还非常少。只有 Firefox 支持 CSS3 多栏布局，只有 Safari 浏览器支持多背景图片。《超越 CSS》中由于提及这两个高级 CSS 属性而在业界广受赞誉。

等我五年后写了本书的第一版的时候，情况已经完全不一样了。早期独领风骚的 IE 桌面浏览器，其市场份额不断萎缩，其竞争对手的浏览器此时已经取得优势，移动端浏览器也在快速发展。

彼时我们有一系列很棒的 CSS 属性，并且大部分已经得到了浏览器的支持，包括 IE9。此外，还有很棒的 CSS 工具任由我们使用。你可能会想，我们可以利用这些条件来做些伟大的事情。

事实上呢？并非如此。我们中的大多数人总是盯着做不到的事情，而不是我们能做的。很多人抱怨局限性，而不是拥抱可能性。大多数人不停地埋怨，而不是感到兴奋。

使用基于 Web 标准的 HTML、CSS 和 JavaScript，能创作出令人怦然心动的作品，例如 Bryan James 创作的的"30 个 CSS 碎片拼图，30 种濒危灭绝动物"。

你还在用老套路吗？

网页设计和开发变革的速度前所未有。HTML、CSS 和 JavaScript 等技术已经发展成熟。

使用智能手机和平板电脑来访问网站和 APP 的人数呈井喷式增长，且已经超过了 PC 端的访问数量。响应式 Web 设计已经不再仅仅是一个概念，而是一个被广泛接受的网站设计方法。

Web 设计和开发的方式正在发生巨大的变化，针对响应式设计的要求，许多设计师抛弃了以往从设计页面开始的方式，转变为从设计组件化系统着手。我们已经彻底改造了 HTML 和 CSS 样式指南，把它们变成了成熟的模板库，它们就是你的设计工具，而不再是简单的文档。

为了管理大型网站的样式表，开发人员使用 Sass 为 CSS 添加了继承、混入和变量，他们还为 HTML 和 CSS 引入了命名方法，包括 BEM（块、元素，修饰符），这使得 HTML 元素和 CSS 样式之间的关系更加清晰。

最后，我们不再需要说服老板使用响应式 Web 设计——因为是他们要求这样做的。

打破传统

在接下来的几章，针对如何使用新兴技术这一话题，我会挑战一些早已被普遍认同的想法。然后，我会制定一个计划，即如何在创造性地推进工作的同时，满足所有人的需求。

我热衷于使用最先进和最新的工具来做出最好的设计，因此我可能会有话直说，所以别指望我会轻声细语地告诉你。

Web 设计的峥嵘岁月

渐进增强一直是现代 Web 开发的基础之一，我第一次接触到这个概念是在 Dave Shea 的博客上，当时他介绍了所谓的 MOSe——Mozilla、Opera 和 Safari 增强。你应该对 Dave 有所耳闻，就是他创造了 CSS 禅意花园。

Dave 是这样解释 MOSe 方法的：

"在 IE 浏览器上创建一个基本的功能页面，你可以在拥有高级选择器的现代浏览器里添加额外的功能，等等，这是我们可以在未来几年持续前进的唯一方法，让我们拥抱它吧。"

Dave 建议我们应该首先为低级浏览器创建一个最低可用页面，尤其针对 IE 的早期版本，然后在支持 CSS 的子选择器、兄弟选择器和属性选择器的现代浏览器里应用更多的样式。你会注意到，Dave 讨论页面应该如何工作，而不是应该如何设计。

渐进增强

同年早些时候，Steve Champeon 开始推广渐进增强概念。他同 Jeffrey Zeldman 一样，是 Web 标准的创建人之一。

"与其优雅降级，不如渐进增强。首先为最新的、不同功能的设备构建文档，通过单独的逻辑继续增强这些文档表现。不要让基准设备承担过多的责任，而应该让使用现代浏览器的用户拥有更加丰富的体验。"

许多人将渐进增强概念视为设计开发网站的理想方法。从对 Web 特性支持较少的浏览器上开始，设计一个仅能提供最基本体验的网页，然后再在高级和现代浏览器上，根据其所支持的特性，实现不同细节的分层设计。

这意味着在实际操作时，优先使用老旧浏览器支持较为成熟的 CSS 选择器和属性，而对于较新的属性则谨慎使用。理论上这种渐进增强的方法是行得通的，但是在实践中，我们又该如何选择不同的增强方案，才能发挥这种设计原则的最大潜力？尽管 Steve 在文章中使用了术语"包容性的网页设计"，但我确信，他从未打算让我们与功能差劲的浏览器纠缠，限制我们的渐进增强创作思路。就算他提过这样的想法，你能猜猜他和 Dave 的那些文章是什么时候的吗？ 2003 年！

时代更迭

2003 年，巨大的 30GB 容量的 iPod 可算是个潮物，在那一年，如果你的工作是设计、开发网页或者仅仅是浏览网页，你肯定使用过下面这些软件。

- Mac OS X 10.2 (Jaguar)

- Windows XP (SP2)

- Adobe Photoshop CS

- Macromedia Dreamweaver 7

- Microsoft FrontPage 2003

- Internet Explorer 6

- Apple Safari 1

- Mozilla Phoenix/Firebird

- Opera 7

随着时间的流逝，我们会不断升级软件，然而在实践渐进增强方面，我们总是固执地坚守着以前的常识。

沉醉其中

这并不是说渐进增强不值得称赞，事实恰恰相反。

- 基本内容和功能应该总是可访问的。

- 应该使用简洁、清晰和语义化的标记。

- 样式表应该可以实现视觉设计的所有方面。

- 网页的交互行为应尽可能交给脚本来完成。

我们在开发时遵循这些原则，页面的可用性或可访问从来不依赖 CSS 或者 JavaScript。当我们使用有意义的 HTML 标签时，它将变得更轻量、更具有适应能力。CSS 使得在各种尺寸和类型的屏幕上的排版更容易。

渐进增强的理念不止如此，然而我们必须小心谨慎，不要因为坚持其原则或应用其理念而限制了自己的创造力，特别是在视觉设计方面。我们必须不断地重新评估如何应用这些原则，从而避免我们的作品变得平庸。

老旧浏览器和过时设备

Zoe Gillenwater 在她的演讲"使用弹性布局提高响应能力"中提到了 CSS 中 flexbox 布局的应用，她提倡使用弹性布局在设计中实现渐进增强。但问题是，在渐进增强实践中，往往会为了迁就还在使用老旧浏览器和过时设备的用户，而放弃使用先进的 CSS 属性，甚至放弃使用 flexbox 这样强大的工具。

增强或改善，往往意味着从底部开始。仅仅针对各种浏览器普遍支持的特性进行 Web 设计是远远不够的，这也是造成当今许多网页如此平庸的原因。我们使用新的 CSS 特性作为一种工具时，需要为使用新浏览器和设备的用户设计更多、更好的体验，就如 Dan Cederholm 所说"为新版浏览器用户提供增强的文档，以便让他们获得更加丰富的体验。"

s'm res
Celebrate National S'mores Day Every Day

S'MORES BUILDER

This is your chance to get creative. As long as you have a roasted marshmallow sandwiched between something with some chocolate added, I say you got a s'mores. So pick your frame, marshmallow, and candy, add an optional accessory or two, and build a crazy s'mores concoction.

FRAME
- graham crackers
- cinnamon grahams
- chocolate grahams
- Fudge Stripe cookies
- Oreos
- chocolate chip cookies
- Ritz crackers
- other:

MARSHMALLOW
- plain marshmallow
- chocolate 'mallow
- strawberry 'mallow
- giant 'mallow

- other:

CANDY
- Hershey's chocolate
- dark chocolate
- chocolate with almonds
- Nutella
- Reese's P.B. Cup
- white chocolate

- other:

ACCESSORIES
- peanut butter
- banana
- strawberries
- caramel sauce
- cream cheese
- bacon

- other:

NAME YOUR S'MORES: BUILD IT

NEED SOME INSPIRATION?

CLASSIC
plain graham crackers
plain marshmallow
Hershey's chocolate

ELVIS
chocolate graham crackers
plain marshmallow
Hershey's chocolate
peanut butter
banana

PB&J
plain graham crackers
plain marshmallow
Hershey's chocolate
peanut butter
strawberries

CHOCOLATE-COVERED STRAWBERRY
chocolate graham crackers
plain marshmallow
dark chocolate
strawberries

THANKSGIVING CASSEROLE
cinnamon graham crackers
plain marshmallow
Hershey's chocolate
sweet potato puree

NUTTY
almond thins cookies
plain marshmallow
Nutella

BANANA PUDDING
Nilla Wafers
plain marshmallow
white chocolate
banana

THE MONSTER
chocolate graham crackers
chocolate marshmallow
Reese's peanut butter cup
caramel sauce

SALTY-SWEET
Ritz crackers
plain marshmallow
Hershey's chocolate
peanut butter

TRIPLE CHOCOLATE
chocolate graham crackers
chocolate marshmallow
dark chocolate

FRUIT SALAD
plain graham crackers
plain marshmallow
white chocolate
banana
strawberries

COOKIES 'N' CREAM
Oreos
plain marshmallow
Hershey's Cookies 'n' Creme bar

Previous   1   2   3   4   5   6   7   8   Next

在过去的几年里，Zoe 提出了很多非常有指导意义的 Flexbox 实战案例，具体查阅：zomigi.com/publications/#pub-fwd。

因为我们首先开始为老旧的浏览器设计，所以离最终的卓越设计还差着十万八千里。

抖个机灵

我们绝不能被那些老旧的浏览器与过时的设备限制了创造力。相反，我们应该利用新技术，为每一位用户的每一次浏览，设计出最好的体验。这样我们可以充分利用一切能力更强的浏览器和新兴技术，实现更高和更优的设计。

我猜你现在肯定在想优雅降级的事儿？

踌躇不前

渐进增强的另一面——优雅降级——确保当样式和脚本不可用或无法被浏览器解析时，用户依然可以访问网页的内容。采用优雅降级方法，意味着网站的功能永远都是可用的，尽管一定程度上也许是低保真的设计，好在它的内容仍然可以访问。

优雅降级就够了么？

在老旧的或功能较弱的浏览器中，考虑可用性是我们能做的最基本，也是最重要的部分。但是优雅降级这个术语，意味着我们应该妥协。

去 xx 的优雅。

硬派的方法，是进一步推进优雅降级，并发挥我们的创造天赋去设计，不仅只针对设备的屏幕大小，而且也要考量其浏览器的功能。我们需要重新理解优雅降级，并面对今天这个领域所遇到的挑战。

如果要创建令人期待且鼓舞人心的网站，我们必须打破过往渐进增强和优雅降级的经验藩篱。只是鼓励人们去使用高性能或者对 Web 特性支持良好的浏览器，是远远不够的。

相反，我们应该充分利用新的技术，并且精心设计每一次用户体验，以便于充分发挥用户使用的浏览器的潜力。这可能意味着最终页面跟设计稿有很大不同，有时在不同的浏览器或设备上差异更大。

对于一些人来说，这种方法似乎太激进，甚至有些偏执。但这种方法更好地利用了当今的技术，充分释放创造性，令用户体验和设计达到更高水平，并让我们开发出更鼓舞人心和富有想象力的网站与应用。

拥抱新特性

在渐进增强和优雅降级的概念刚提出时，网络是一个与今日完全不同的环境。在浏览器新特性支持领域，两款竞争的浏览器间鲜有差异。而今天一切都改变了，优秀的现代浏览器支持各种 Web 特性，而老旧的浏览器的支持性很差，二者之间的鸿沟越来越大。下面是一些最新的 CSS 选择器和属性，在现代浏览器中有着稳定和良好的表现。

- 对任何元素的选择器绑定样式不再使用 id 跟 class 属性。

- 以多种方式实现透明效果，包括 RGBa、opacity 属性和 CSS 滤镜。

- 以更多的方式让背景跟边框一起生效。

- 使用偏移、旋转、缩放和拉伸，实现元素变形。

- 应用过渡特效，实现微妙的交互效果。

- 制作以前只能通过 JavaScript 或 Flash 实现动画的逐帧动画。

当前桌面浏览器对 CSS 属性的支持情况

	Safari 9	Chrome 47	Firefox 43	Opera 32	Edge
background-blend	●	●	●	●	●
border-image	●	●	●	●	●
Columns	●	●	●	●	●
Filter Effects	●		●		●
Flexbox	●	●	●	●	●
Gradients	●	●	●	●	●
Keyframe Animations	●	●	●	●	●
SVG	●	●	●	●	●
Transforms	●	●	●	●	●
Transitions	●	●	●	●	●

● 完全支持　　● 部分支持　　前缀　　● 不支持

CSS 作为高自由度的创作工具，帮助我们实现了很多惊艳的 Web 体验。如果在创作中不充分利用它们，是多么短视和愚蠢啊。如今，在掌握这些技术的前提下，我们为什么不去使用这些属性呢，哪怕只用其中的一个。

那么到底是什么在阻止我们？

只不过是几个陈旧的想法罢了。

打破传统

渐进增强和优雅降级，都不应该被教条或不经大脑地应用在我们的 Web 设计中。相反，它们提供了一个新的起点，而现在，我们要重新定义响应式设计的原则，以适应不断变化的网络。

Web 标准之路

人们经常误认为 W3C 是用来创造新技术的，但其实它是一个标准化机构，而不是创新机构，它的工作是将现有技术标准化。CSS 工作组规范作家 Elika Etemad 总结出该组织的作用：

"这个工作组是为规范化而存在的。如果没有人对实现某些东西感兴趣，那么我们制定这些标准就是在浪费时间。另外，如果只有一个实施者来做这些事，我们就不可能提出跨平台的标准。"

很长一段时间以来，我都认为 W3C 的 CSS 工作组是先创新，然后发布草案和建议。例如 W3C 提出建议，浏览器厂商来采用它们（或者不采用），现实却是，当标准达成共识的时候才会去采用。

"如果 CSS 工作组有多个独立完整和互操作性的实现方案被广泛采用，那么它的工作就被认为是成功的。"

假设我们在意标准，并且希望我们的作品符合这些标准。那如果我们在使用某些新技术时，它的标准还没制定完成怎么办？如果我们硬要按照标准来设计，那么我们将会错过许多的创作机会。

因此，我们不必等待 HTML 或 CSS 模块成为 W3C 的议案，现在我们可以使用大多数新兴的标准。

不存在 CSS3 规范这样的东西

与 CSS 的早期版本相比，CSS3 不是一套单一独立的规则，它被划分为了多个模块。CSS 工作组根据优先级分别开发每个模块：

"CSS2 以后，W3C Recommendation Track 单独地提出了一系列开发中的模块，其中包括语法模块、级联和继承，当然还包括打印、页面布局和呈现等许多方面。"

CSS3 的模块化是件好事，这样浏览器厂商可以按照他们的时间表，逐步发布新的功能。这对我们来说也是件好事，因为这允许我们逐步地熟悉和使用每个模块，而不是等待完整的大而全的规范。

标准制定

CSS 工作组的章程上显示了目前正在开发的模块，这不是一个详尽的清单，我选择了与我们最相关的 10 个模块。

CSS 动画	w3.org/TR/css3-animations
使用关键帧，随着时间的推移改变 css 属性值来实现动画。这些关键帧动画的行为可以通过指定时间、重复的次数、重复的行为来控制	

CSS 背景和边框	w3.org/TR/css3-background
使我们能够控制背景图片的大小、重复一个合适的背景图、在盒模型的边框和圆角上使用背景图	

合成和混合	w3.org/TR/compositing
混合模式允许我们使用若干个元素来做混合背景，你可以在 Adobe Photoshop 里找到类似的工具	

滤镜效果	w3.org/TR/filter-effects
使用 CSS 来为元素添加滤镜效果，像 Adobe Photoshop 里的滤镜工具一样	

CSS 弹性布局	w3.org/TR/css3-flexbox
CSS 布局中一个重要的新工具，弹性布局使我们能过轻松实现水平和垂直两个方向上元素的排列	

CSS 栅格布局	w3.org/TR/css3-grid-layout
一种将可用空间划分成列和行的新标准，我们这本书不详细介绍 CSS 栅格布局	

CSS 多列布局	w3.org/TR/css3-multicol
无需额外标记来生成伪列，并控制它的数量和宽度，以及列间距和分配器	

CSS 形状	w3.org/TR/css-shapes-1
使我们能够在 CSS 文本流周围设置形状。形状可以是几何图形、多边形或者长方形，也可以通过 alpha 通道图像来创建	

CSS 转换	w3.org/TR/css3-transforms
匹配许多 SVG 提供的控件，CSS 通过这个模块去控制元素的移动、旋转、缩放和倾斜	

CSS 过渡	w3.org/TR/css3-transitions
和动画不同，CSS 过渡使一个属性使用 css 来代替脚本，在两种状态间平滑过渡，例如在正常和划过之间改变超链接的颜色	

厂商特定的前缀

我在后面的章节展示 CSS，你很快就会发现一个反复出现的主题——并不是所有的浏览器都支持用同一种方式来使用相同的属性，例如，Edge 和 Safari 在 Mac OS X 和 iOS 上原生支持多列布局。

```
.content {
   columns : 10rem;
}
```

但是，在其他浏览器上使用多列布局，需要使用厂商特定的前缀。例如，针对 Chrome、Opera 和安卓浏览器，需要使用 -Webkit- 前缀，Firefox 需要 -moz- 前缀。因此，要实现跨浏览器的多列布局，意味着你要先写几遍带厂商前缀的属性，然后才是 W3C 约定的没有前缀的语法。

```
.content {
   -moz-columns : 10rem;
   -Webkit-columns : 10rem;
```

```
    columns : 10rem;
}
```

如果你觉得写多个厂商前缀的属性太繁琐，Autoprefixer 是一个方便的工具，它从浏览器普及率以及可用的 CSS 属性支持数据来解析 CSS，然后添加厂商的前缀。

你也可以使用 Lea Verou 的 -prefix-free，只要在页面的任何一个地方引入这个脚本，它就会在需要的地方，为每一个外链或内嵌的样式表，添加那些厂商的特定前缀。

Output style:

Expanded ⏦

After compiling:

☐ Run Bless on the CSS file
☑ Run Autoprefixer on the CSS file

OUTPUT

☑ This file generates an output file

∟ /css/320andup.css　⬚

Compile

你可以根据自己的开发环境，以多种方式使用 Autoprefixer。那我呢？我把 Autoprefixer 集成到 CodeKit 中，然后每天用这个工具把 Sass 编译成 CSS。

标准产生之前，编写带厂商前缀的属性列表是一件很麻烦的事。因此，2010 年彼得·保罗·科赫（PPK）呼吁浏览器厂商停止使用它们。

"厂商前缀让开发人员的样式表变得累赘。为什么我们非得用好几个声明才获得一个单一的效果呢？兄弟们，让我们停止厂商前缀这个无稽之谈，适可而止吧。"

对此我持不同的意见。如果新属性没有厂商前缀，而在每个浏览器的显示效果各不相同，那么 PPK 又该抱怨了。

难道多写几个厂商前缀属性要花很多时间吗？什么？你以为做一个专业的开发人员很容易？那么我有一个妙计：我们不写盒模型 hack，但事实上，没有任何人能做到。

厂商前缀起初只是浏览器厂商和 CSS2 规范用来警告我们的，而不是让我们真地去使用它们。

在现实中，厂商前缀通常还是必要的，它使得我们今天可以使用新的属性。在考虑到快速变化的网络前提下，建议还是使用厂商特定的前缀，以便安全地使用这些新属性。

"我们不建议您在实际应用中使用这些扩展，那些未实现的 CSS 属性最好是用来做测试或者尝试。"

但是，网络现在最需要的不是安全，它需要我们充分利用新的标准的技术，这样我们就可以创造一些神奇的事情。

厂商的前缀属性有效吗？

在标准的制定过程中，属性保留通过破折号（-）或者下划线（_）来为特定的厂商添加前缀。使用这些在样式表本身技术上是无效的，但无效的样式表相对于我们现在使用 CSS 标准来说，代价很小。

浏览器标记

毫无疑问，一般情况下我们是受益于厂商特定前缀的，因为在 W3C 将新的 CSS 属性确立标准之前很早的时候，它们就允许我们在测试，甚至是正式的代码中使用这些新的 CSS 属性。

正如任何实验性技术一样，当浏览器厂商认为某个 CSS 属性不会再改变时，你就可以不再加特定前缀了。

然而，我们常常在样式表中保留过时的前缀，即使在多年后它们已经不再必要。比如，我们仍然会在很多网站、创作工具和框架里看到 border-radius 这个已经过时的前缀。

在 Chrome 里，仍然支持属性前缀 -Webkit-。谷歌实现了一个系统的标记，用户必须在自己的浏览器中启用这些实验性属性。这些标记可以让你尝试新的 CSS 属性，同时厂商还正在不断完善它。CSS 形状就是这样一个例子，并没有厂商前缀来支持形状，用户必须启用实验性网络平台功能，以便看到它们。

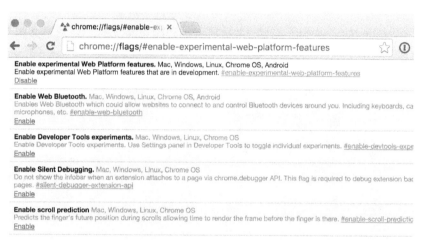

想在 Chrome 里看 CSS 形状或者其他实验性的特性的话，在 Chrome 的地址栏里输入 chrome://flags/，然后在实验性平台商搜索并启用实验功能。

在我看来，让用户了解标记的存在这是非常罕见的。使得我们无法在生产代码中使用实验性的属性，虽然这有时在短期内造成了不便，但从长远来看，我们和我们的用户都将受益于这个实验性功能沙盒。

打破传统

CSS3 包含一系列独立的模块，这会让我们产生"等某个属性规范提出后再去使用这个属性"的想法。相反，通过使用厂商前缀，我们现在就可以使用这些属性，没必要等待。然而即使越来越多的新 CSS 属性被浏览器支持，浏览器和设备能力之间也会有一些差异。我们不能总是在用小技巧来消除这些差异，我们应该学会接受它们。

第4章 浏览器差异化呈现

长久以来，人们先入为主地认为网站在不同浏览器中的显示效果应该是一致的，而这恰恰阻碍了技术的发展。

Dan Cederholm 说道："网站在不同浏览器上的呈现效果必须是一样的吗？""不！"他很肯定。当然，他是对的。

当我们使用 Safari 这种表现能力强的浏览器的时候，我们能看到 @font-face 属性很好地呈现出来。

当我们使用 Opera mini 这种表现度不够好的浏览器的时候，web font 的属性是表现不出来的。不过无所谓，反正用户也不知道真实情况。

那么关于体验呢？ Dan 最爱的域名也回答了这个问题，"做网站需要在每个浏览器中都有相同的体验吗？（dowebsitesneedtobeexperiencedexactlythesameineverybrowser.com）

当然不需要。

在这个网站上移动鼠标，实际的体验会根据你使用的浏览器而有所区别。

Dan 也许在挑选域名上很有天分，但他不是第一个提出这个问题的人。

"如果要在所有的平台上做到展现一致，我们将陷入无止尽的挣扎中。我们不可能让网站在 PDA 和 21 寸的显示器上看起来是一样的。也不可能让它和盲文描述是一致的。尽管这些都在变化，但仍然存在浏览器厂商对 W3C 标准的支持不一致的情况。不去管这些，就让他们看起来不一致吧。"

Rachel Andrew 在 2002 年的时候就写道：为何直到今天，咱们仍然为同样的问题而纠结争论，特别是在屏幕如此多样化的一个时代，从电视到手机、平板、甚至是高分辨率 PC。当然有些人仍然认为当我们访问某个网站的时候，在每个浏览器上呈现出来的就应当是一样的，不过他们过一段时间就会分裂成两个阵营。

响应式设计

网站在每个浏览器上呈现不同的效果，这并不是一个新出现的观点，早在 2000 年，John Allsopp 就开创性地提出了这个观点。

"每一个设计师都知道的打印媒介控件，在 Web 媒介中也同样需要，这是一个控制打印页的功能函数。我们应该拥抱变化，Web 设计应该保持灵活性，不要那么多限制。首先，我们应该接受老事物的衰退。"

在这本书第 1 版面世发行的几个月之前，Ethan Marcotte 很巧妙地提出了几个已经存在的方法和技术，包括流式删格、弹性媒体和媒体查询，详见《移动优先与响应式 Web 设计》（http://www.epubit.com.cn/book/details/1649）。

五年后，响应式 Web 设计已经逐步成为网页设计的标准方法，这也是网页设计的标志性改变。它帮助设计者应对不断变化的局面，响应式设计也说服我们的老板和客户们：因为它能够解决浏览器和设备多样性带来的问题。

浏览器支持意味着什么

许多组织保留着哪些浏览器支持他们的网站的数据矩阵。如今，众多浏览器和设备厂商激烈斗争，他们中的大厂重新定义了支持的含义（像英国政府数字化服务描述的那样）：内容正确显示，关键功能良好运行。

对于英国政府数字化服务而言，人民群众对在 Gov.uk 上获取内容和信息吐槽不断，所以他们测试了使用率在 2% 以上的每一款浏览器。不像其他组织有专门的质量管控团队，或者市场部门专注于他们的网站细节，使得在每个浏览器上的每一个像素都是完美的。所以他们明白了：

"不是所有的浏览器对网页都按照同样的方式渲染，它们在使用 CSS、HTML 和 JavaScript 方面有不一样的地方。"

接受"并不是所有浏览器对网站的渲染方式都是一样的"这个观念，将会让我们能够抛弃像素级设计还原，专注于为每个浏览器提供恰当的体验。

BBC 也认同像素级完美渲染的优先级，不能凌驾于内容可读性之上。它的浏览器支持分为三个级别。

- 级别 1：支持
- 级别 2.：部分支持
- 级别 3.：不支持

他们接受在这些支持级别间小的变化，甚至接受使用新兴的技术，只要他们在用户访问基本内容或功能上不妥协。

"使用新技术去支持新的浏览器特性，这并没有错，但是必须保证用户能访问你的基本内容。"

BBC 并没有定义新技术和新的原则。他们没有考虑一系列的浏览器支持问题，而是思考做出什么样的设计能够影响他们的用户。

- 对于用户来说，核心体验是什么？

- 当检测到用户使用了支持特殊功能（例如 web font、geolocation 等）的现代浏览器，我们如何提高用户体验？

考虑到这些特性可以开发出一个个的小功能，这带给我的感受要比浏览器分级要好得多。啰唆一句，当被客户问起我们支持哪些浏览器时，我想改一下问题：因为我们要么不支持浏览器，要么不支持他们。

精细化设计

当浏览器没有实现一个新兴的特性的时候，不要完全地对它进行分级或者排斥。相同的浏览器对不同的新特性会有非常棒的支持。例如，Safari 已经完全实现了弹性布局，但是只部分支持多列布局。我们应该根据具体情况来选择使用新特性，而不是直接给浏览器分级。

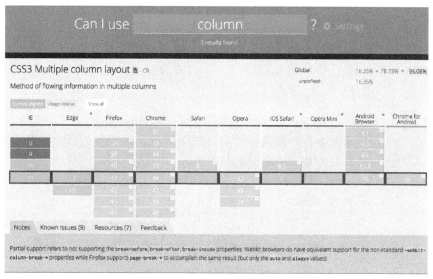

caniuse.com 并不是唯一的浏览器特性支持程度的查询工具，包括像 Autoprefixer 这样的编译工具，一样可以帮助我们来完成这样的工作。

有些时候，设计元素很重要，我们需要让每个人看到的或体验到的是一致的。比如说公司的标志 logo，这是客户想让所有人看到的，logo 的颜色、logo 的字形，当然还有很多没那么重要的设计元素，需要区别对待。

考虑到特殊属性的影响，那么问题的关键就是如何保证设计的保真度。在实践中，当我们把一个元素添加到设计中时，我们考虑的是如何让更多的人，超越一系列的浏览器，所见或所感是一致的。

例如，Web 字体有多重要？在某些场景下，字体的选择对公司标志的重要性，与内容的可读性是一样的。

多列布局怎么样？用 CSS 渲染？它们重要到需要每个人都得看到？或者我们可以允许它们优雅降级？或者更牛的，设计一个替代品出来？现在来考虑一下圆角、渐变和透明度，它们对你的设计保真度到底有多重要？

弥散圆

在我从事 Web 工作之前，我曾在使用广角摄像机方面受过专业的训练，这些电影摄像机的特点是利用摇摆和倾斜运动，在图像中创造一个清晰的画面。

在摄影中，即使是最好的镜头也不能把光线聚在一个点上。取而代之的是，镜片将光线聚于一个点或者圆上。尽管这些圆很小，但它们仍有尺寸，这就是"弥散圆"。

弥散圆越大，照出来的照片会越不清晰，反之亦然。这些是高级摄影技术的基础，没有照片有完美的聚光，也无法做到真正的锐利，相反，照片只能是尽可能清晰。

尽可能清晰

虽然模块化和原子化设计被很多人采用，有时候客户还是希望我们能用 Photoshop 来演示如何完成网站或者应用程序的外观设计。

这些图像将包括每一个设计元素：品牌、颜色、各种形式的排版、背景图、边框和渐变。我们可以认为这就是高保真、清晰的设计。

但这些元素对设计完整性有多重要？一个特殊的字体对于一个品牌的用户体验是否至关重要？背景混合有多重要？列是真的需要吗？

这些决定将确定元素应该怎样跨浏览器和设备，具备不同的功能。我们致力于在他们之间达成一致，为了帮助做出这些决定，我们可以从弥散圆的原则中学习。

字体的选择对于设计的完整性有多重要？左侧使用是具有设计特色的 Web 字体，右侧使用的是系统字体。

有意义的讨论环境

用三个同心圆来表示比较直观。

- 最里面的环应该包含设计元素，这是最核心的。如果布局和排版必须保持一致，将它们放在这个圆中。

- 在中间的圆中，放置重要的元素，但不是至关重要的，这是个人的设计经验之谈。举个文本的例子，文本被放置在 CSS 创建的列中，对于支持多列布局的浏览器，浏览器自动渲染列，对于不支持的浏览器，我们需要调整字体来适应没有列这种情况。

- 最外层的元素是允许优雅降级的。如果没必要在所有的浏览器中实现背景混合或滤镜，就使用 JavaScript 来节省时间。

我已经发现，弥散圆原则在解释浏览器之间的自然差异方面是个很有用的技术。它设置了更现实的期望和更有意义的讨论环境。最重要的是，它使大家都能够在设计的优先权方面做出更好的决定。

提升品牌形象

一些公司有质量管控团队，他们确保品牌的每个像素都是完美的，浏览器的差异化体现对他们来说有损于品牌形象，这被认为不完善的。

这些团队的品牌价值理念，不应该还停留在跨浏览器的完美表现和保持各种设备的功能完整性。这些现在或许没改变，但迟早会到来的。

我们应该向老板保证，差异化会提升我们的品牌，因为我们能精确地调整用户体验。差异化为我们创造了机会，我们应该接受它。

亲爱的客户

在 Stuff & Nonsense 工作很幸运，我们的客户很懂技术，他们很尊重我们的工作，他们认为我们的时间和他们的钱应该花在创造性的响应式设计上，而不是浪费在高保真还原上。但并不是世界上所有的客户都像他们这样。

一些人对改变浏览器和设备的适应性知之甚少，我们怎么样让他们理解"不必让每个浏览器的呈现效果必须一样？"我经常听说，那是前端工程师应该考虑的事情。对此，我非常反对。我们的工作不是教育用户，而是设计、创造不可思议的网站。

如果客户提出一些棘手的问题怎么办，比如"为什么网站在不同的浏览器或者不同的设备上呈现的不一样？"你要向他解释：这和裁缝做衣服一样，根据不同浏览器对属性的支持程度以及设备不同的尺寸，量体裁衣，这样才能合身。这样会对客户产生积极的影响，而不是让他们以为这是缺陷。

如果你和一个传统厂商合作，比如大商业公司、政府部门或者学校，你怎么样向他们表达你的观念：你们公司的网站是可接受的，反应良好的，甚至是专业的呢？

解释这些问题，远比五年前的时候简单多了。那时候，绝大部分人还使用 PC，不同浏览器的差别非常难以理解。现在的情况好多了，大家使用的设备的多样性也比 PC 时代多多了。

Chrome	32.45%
Safari	19.84%
Android	17.2%
UC browser	13.77%
Opera	9.98%
IEMobile	2.13%
Nokia	1.6%
Blackberry	0.96%
NetFront	0.49%
Other	1.59%

移动端浏览器使用情况，2015
年 2 月至 6 月。

打破传统

现实是，互联网已经改变了，我们的工作、我们的客户必须改变观念，打破以往的"一个尺寸适配所有"的方式。没有两个浏览器是完全相同，我们应该致力于开创新技术，摒弃"一个网站在所有的地方看起来都一样"的观念。

固执坚守以前的这种想法，将会持续地浪费我们、客户和老板的时间与金钱。这也将阻止我们拥抱新变化。为了使这种改变成为可能，我们应该解释道，这种变化不是缺陷，而是一种新的可能，通过响应式设计将提升品牌体验。

第5章 组件与原子化设计

在过去的五年里，可以很明显地看到 Web 的巨大变化以及我们所做的努力。随着响应式 Web 设计的发展，我们的设计流程也发生了根本的变化。虽然我们的设计方法并不适合每一个人，但它已经被证明是成功的，因此在本章中，我将解释我们的流程。

风格指南

我做 Web 工作之前，一直被各个公司的风格指南和品牌呈现方式所吸引。我喜欢看到多种多样的相似组件的外观，尤其是喜欢看排版定稿文档。有时候，虽然在工作中我会收到公司的品牌风格指南，但我仍然会想办法在指导原则的范围内加入自己的想法。

与品牌设计规范作斗争

传统的风格指南覆盖了各种各样的媒体，包括包装、印刷和网络，然而这对 Web 设计师来说并不总是有益的。例如，我曾经参与的汇丰银行的项目。此项目全面的指南规定了产品名称——比如预收账款、高级账户和私人银行等——的字号永远不应该比银行名称更大。这条规定使得当产品被挤进只有 80 像素的网站横幅广告中时，名称可读性将变得很差。

Houden 手袋品牌风格指南。

沟通不是记录

多年来，我并没有满足于向客户展示静态设计稿。这些使用 Photoshop 或 Sketch 软件制作出的静态视觉，无法证明网站中设计的重要性。客户会期望最终的网站是冻结的图像的副本，事情显然不会是样。最重要的是，他们在谈话中对于设计手段所知甚少，而且很少能够对具体问题进行专注的、富有成效的讨论。

客户在看静态视觉时，往往容易分心。我可能需要讨论关于排版的问题，但客户却希望 logo 再大些；我可能想要谈论一下搜索将如何发挥作用，但他们却纠结于一张过时的产品照片。客户没有抓住重点，因为我们所讨论的静态视觉也没有重点。

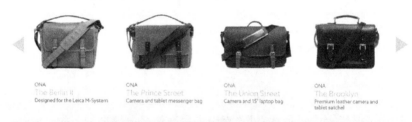

houden 手袋的关键网页设计。

过去我给客户展示静态视觉的时候，他们有时会说："我不确定这个设计的效果。"这令人非常沮丧，尤其是我们花了几个小时对他们的设计进行了详细的再现。当我想得更深一些的时候，我发现他们所评论的往往不是重要的设计细节，不是我们选择的字体或排版方式，也不是我们使用的色彩、线条、边框或底纹。

当我们进一步询问客户，他们可能会说："侧边栏应该是在左边，不是在右边。"换句话说，他们在谈论布局，但却站在整体设计的角度来表达他们的批评。为什么我感到惊讶？我期望什么？毕竟，我已经向他们展示了把各个重要部分混合在一起的设计稿。

我知道必须有一个更有效的方法来展示设计，并让客户专注于我需要讨论的方面。随着时间的推移，我的工作室已经建立了一种方式来做这件事情。最重要的是，我们开始展示我所说的设计风格，然后设计从布局分离出来的元组件。

描述设计风格

查看"atmosphere"这个单词，字典会告诉你它代表"弥漫的色调、一个地方、情况的氛围，或创造性的工作"。在响应式网页设计的背景下，我觉得设计风格与布局截然不同，包括颜色、字体和纹理。我们要打破传统。

颜色

我们用色彩来营造风格，并唤起一个人在使用网站或 APP 时的情绪。作为交互的一部分，我们还要突出交互的行为；例如"我能点击吗？""我已经点击了什么？""点击之后有什么潜在危险？"

排版

设计的个性化相当一部分取决于我们选择的字体，以及如何把行高、字号、粗细和周围的空白结合起来使用。

纹理

纹理可以是像纸张、石头或木头的拟物化纹理，但也并不一定是这样。在设计风格里，纹理指的是细节，包括边框样式、阴影以及盒子模型或其他元素的形状。

设计风格

让我们看一个设计感十足的网站：2015 年的 dConstruct 会议网站。你认为是什么让它的视觉风格如此有特色？

此网页由 Paddy Donnelly 设计，由 Graham Smith 建立，会议组织者为 Clearleft。

当然，你可能第一眼就被本次会议主题"设计未来"（VISION OF THE FUTURE）中的特色插图所吸引，但也有其他方面让这个设计看起来个性十足。

- 字体组合：Futura (naturally)、humanist sans 和 Lamplighter Script。

- 倾斜的内容容器。

- 用活泼的方式展示演讲者。

为什么我要强调 2015 年 dConstruct 会议呢？在不同尺寸的任何设备上访问这个网站，看起来都是一样的。当然，页面的排版会随着设备的尺寸变化，但是网页的整体设计风格应该保持一致，不论是在手机、平板电脑还是在 PC 上访问。

2014 年，dConstruct 设计风格完全不同，它采用了扁平化设计和简单的配色。选择的字体是 PT Sans，无衬线字体。与当年的主题"生活与网络"文字框周围的鲜明线条非常匹配。

2013 年和之前的 dConstruct 网页设计都有着完全不同的设计风格，但是每年的设计也有共同之处。

自 2005 年以来，dConstruct 主办方在保持会议网站、回顾十年的设计工作以及如何确定一个网站的设计风格方面做了出色的工作。

当你仔细观察它们的颜色、字体和纹理时，设计的每一个部分都有着独一无二的个性，设计风格被跨终端地呈现出来。

如果说自适应设计已经告诉了我们什么，那就是我们应该承认，配色、纹理背景、边框和排版设计应该跨越屏幕尺寸保持自己的特点。换言之，设计风格不应该受布局的限制。

使用前端样式指南和组件库

我们注意到，当我们开始用令人着迷的风格指南去设计并呈现我们的作品时，我们与客户的沟通效率将得到很大的改善。尽管风格风格指南几经迭代，当一个新形式的 Web 风格指南流行流行起来的时候，我们仍然饶有兴致。

指导视觉识别

人们在媒体上维护一个组织的品牌，需要风格指南或品牌准则来保持品牌资产、安置和处理方法的一致性。这些指南通常从描述品牌的个性和价值观开始。Jamie Oliver 是这样描述他的 Fresh Retail Ventures 品牌个性的。

"诚实并具有挑战性——直接、豁达、坦率；充满激情和鼓舞——对食物充满兴趣和爱，健康的生活方式；平易近人和乐趣——朴实无华、方便、充满乐趣，鼓励大家一展身手。"

大多数风格指南提供了一些 logo 使用或禁用示例，它们也给出了字体的使用规则，并应该让你对如何使用颜色和如何处理图像不会心存疑惑。Jamie Oliver 的风格指南甚至说明了"Jamie 期望所有的照片中都是新鲜的熟食，并且是在自然光线下拍摄的。"

Fresh Retail Ventures 有一套严格的品牌设计规范，涵盖了广泛的品牌原则，例如包装设计，甚至语气。

创建 Web 设计风格指南

可惜的是，我常常发现，品牌标识指南很少恰当地应用到 Web 设计上。有些指南会强迫我使用在色卡上看起来很棒、但在屏幕上看起来很不舒服的颜色。还有些情况下，特定字体不能作为网页字体，如果把它们用在网页上，会让人阅读起来很不舒适。经验告诉我，我们再做 Web 设计时，品牌设计规范只能作为参考，而不是标准。我们需要的是可以具体应用到网上的风格指南。

要清楚地说明这个问题，我认为最好举个例子。英国有个伦敦国王学院医院 NHS（National Health Service，英国医疗服务体系）信托基金会，作为英国国民健康服务的一部分，意味着信托基金会的出版物必须参考 NHS 的品牌设计规范。

由于国王学院医院是一个独立的组织，其网站不必严格遵守 NHS 品牌设计规范。我们为其做了一个设计，体现出了基金会的价值，而不是

NHS 的价值。尽管 NHS 品牌设计规范给了我们一个起点，但是我们还需要一个适用于国王学院医院网站的风格指南。

品牌标识指南往往以 PDF 格式提供，但响应式的 HTML、CSS 和 JavaScript，是更佳的 Web 设计风格指南媒介。相较风格指南文档，我们的 Web 设计风格指南，已经成为了一个工具，而不是纯粹记录设计风格的地方。

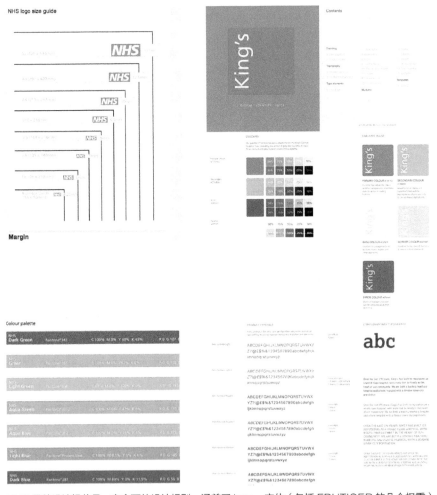

NHS 品牌设计规范是一套全面的设计规则，涵盖了 logo、字体（包括 FRUTIGER 的几个权重）的使用，以及如何使用照片和插图。在国王学院医院的项目中，某人设计了一套综合性的 Web 风格指南。

发展 Web 设计风格指南

组件是我们开发的模板中的块元素，我们可以通过调整这些模板来制作页面。我们的设计风格，就是伴随着设计这些独的组件，并将它们建设成为模式库而发展的。

在过去的几年里，有些人创建了组件库。其中一些组件库已经被广泛引用，包括 BBC、英国政府、MailChimp 和星巴克的组件库。

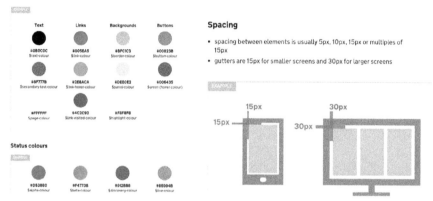

英国政府服务设计手册，可以帮助他们的设计师和开发人员，实现 GOV.UK 网站的各个部分，并保持外观一致。

原子化设计

Brad Frost 提出的原子化设计已经成为了响应式设计的代名词。Brad 第一次讨论原子化设计是在 2013 年，他写道：

"最近，我一直对接口的组成，以及如何通过更有条理的方式来构造设计系统很感兴趣。"

Brad 接着描述了他的原子设计系统，是如何由原子、分子、组件、模板和页面组成的。

- **原子**：HTML 的基础，包括按钮、表单和标签等元素。

- **分子**：一组元素的组合，例如由标签、输入框和按钮组成的搜索表单。

- **组件**：一组分子组合在一起形成界面的一部分。

- **模板**：大多数组件结合形成页面级的对象。

- **页面**：测试设计系统有效性的必需品。

Brad 将原子化设计描述为"用于构建网页设计系统的方法。"这个方法由工具和模式库来创建原子化设计系统。

然而，并不是每个人都认同原子化的设计方式。Mark Boulton 就写出了他的顾虑，我不得不同意他的说法。

"一致性和效率是要付出代价的。这个代价就是设计，是人类对从无到有创造作品的感觉。我描述的不是设计过程。它就像一个制造蛋糕的机器，生产出大量相同的蛋糕。虽然裹着不同的糖衣，但它们的味道都是一样的。"

当你单独地设计各个部分，那么往往很难知道它们是否能够融为一体。

如果人们不能一眼全览设计的全部，人们很容易感觉到设计不连贯，缺乏连通性。而且想要摆脱组件库提供的默认样式也将变得更加困难。你只需要看看基于 Bootstrap 和 Foundation 的成千上万的相似网页就能够意识到了。

做得好，组件库可能会成为非常有用的资源。Salesforce 的闪电设计系统是最好的资源之一。Salesforce 成立于 1999 年 3 月，是一家客户关系管理（CRM）软件服务提供商。

节省时间

基于组件的方法使得设计初期的工作更高效。我们能够更快地原型化组件，与使用 Photoshop 和 Sketch 软件设计一套完整的页面相比，我们可以用更少的时间将它变成响应式模板。我们的项目会运行得更平稳，也将可以进行更专注的沟通，并且能够减少与客户的误会。

我们已经意识到，开发组件仅仅是工作的一部分，我们需要一套工具，包括一些也许很令人惊讶的静态视觉效果，以及一个灵活的工作环境。

建立 Web 设计风格指南

我们发现，当使用基于组件的方法构建网页时，为了保证设计的原创性，我们需要保持设计过程轻快而简约。在设计模式库或风格指南时，很容易做得过头儿，所以我们用最简单的 HTML、CSS 和 JavaScript 建立自己的 Web 设计风格指南工具包。

为了避免复杂性，我们把设计风格和组件具化到一个页面，这让我们在通过 Photoshop 和 Sketch 验证想法时，可以尽可能地自由。

Media

King's College Hospital

Over the last 170 years, King's has built its reputation as a world class hospital, with roots that lie firmly in the heart of our community. We are both a leading teaching hospital and a local hospital with a diverse inner city population.

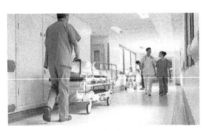

Media (reversed)

King's College Hospital

Over the last 170 years, King's has built its reputation as a world class hospital, with roots that lie firmly in the heart of our community. We are both a leading teaching hospital and a local hospital with a diverse inner city population.

Media list

This ward has a 'Hospicom' entertainment system. (Pay as you go access to TV, radio, web and phone services.)

You're allowed to bring your own laptops to the ward.

我们已经做了初步的风格指南，并可以在 Github 上访问。我们希望大家可以使用它，以及贡献想法来改进它。

为了保证 Web 设计风格指南的易用性，我们把风格分为以下几种。

- **品牌**：根据屏幕断点设置不同的 logo 和字体。

- **颜色**：按钮、背景、边框和超链接的主要、次要、普通和重点的色调。

- **版式**：多种大小和粗细的主要和次要字体。

字体元素：h1 到 h6 的标题层级；文本样式，如导语（大号）、二级（小号）、三级（更小号）和最小号；块级元素以及列表的样式。

- **其他 HTML 元素**：基本表格样式；各种类型、大小、风格和状态的表单输入框和按钮。

- **常用组件类型**：盒模型、博客、事件、新闻摘要与媒体组件。

我们这里只列出了启动项目所需的样式指南，如果有需要，你也可以轻松地为新组件添加样式。

只包括我们需要的

建立一个能用于多个项目的风格指南工具包，这通常很诱人，因为其中的许多组件（如手风琴效果、按钮或选项卡）可能会在某天派上用场。我们应该警惕：当我们把并不需要的组件增加进来时，工具包很快就会变得臃肿。

目前有数十种模式库和框架可供我们选择，它们提供了大量的组件。例如，Bourbon，这个 Sass 库包含了 Bitters 和 Refills 这两个实用的 HTML、CSS 和 JavaScript 模式。这些组件对于实现快速原型设计非常有用，但在你把所有的这些都一股脑地推到 Web 设计风格指南里之前，请三思而行。每增加一个额外的组件，就意味着更复杂，以及需要维护更多的代码，所以设计风格指南里应该只包括你需要的那些，对于项目中并不需要的部分要毅然丢掉。

远离复杂的框架

像 Bootstrap 和 Foundation 这种前端框架，可能非常适合那些需要现成的栅格和主题化的系统的人。但开发者的需求与那些用 HTML 和 CSS 工作的设计师不同。Bootstrap 和 Foundation 功能很强大，但是设计师根本不需要它们，哪怕只是一小部分。

我们将通过使用自己需要的部分，来建立 Web 设计风格指南。如果有需要，再在这个基础上进行扩展，而不是依靠框架。我们将从颜色开始，添加排版，然后是通用组件，包括字体。在将一切融合在一起创造组件之前，我们将包括常见的 HTML 元素。

我们必须时刻谨记让事情变得简单，记住我们正在做的是一个创造性的工具，而不是开发环境。这并不意味着我们不能在合适的时候，去充分使用开发者工具，所以，如果我们习惯于把样式表样式表拆分为 Sass 片段，尽管放手去做吧。只要记住，最重要的是我们在做的设计，而不是工具的复杂性。

制作协作工具

并不是每个设计师都会编写代码，有些设计师专注于平面设计、排版和配色，而且做得很棒。尽管我觉得掌握 HTML 和 CSS 对于 Web 设计师非常重要，但设计师并不需要知道如何写 HTML 或 CSS 代码，哪怕一行。

也就是说，设计师应了解 HTML 和 CSS 这些广泛应用的现代 Web 设计工具。我认为，甚至让设计师参与设计这些工具更加重要。这样，他们就会知道如何使用这些工具，而不需要太多的技术知识。

制作工具，是一个让设计师和开发人员一起工作的好机会。毕竟，这些工具的目的是使协作更加容易。做得好的话，他们也可以减少摩擦、消除误解。

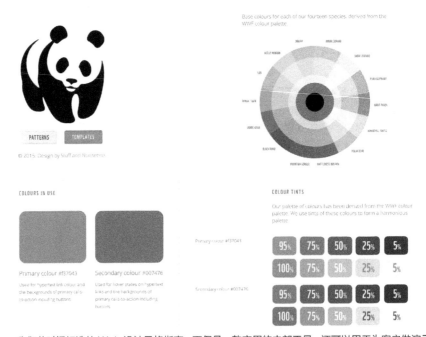

我们花时间打造的 Web 设计风格指南，不仅是一款实用的内部工具，还可以用于为客户做演示。

我们发现，Web 设计风格指南不仅仅在提高设计师和开发者协同工作方面发挥了作用，它还帮助我们与客户更紧密地合作。我们意识到，客户使用我们的工具包来向别人演示工作，所以我们在工具包中加入了客户的 VI 和专案信息，以令它更真实。此外，我们还是用真实内容片段代替了千篇一律的占位符。

由于 Web 设计风格指南简明易懂，客户也喜欢在公司中分享它。人们通常会在多种设备上来查看我们的工作成果，这意味着我们会得到更好的反馈。我相信，我们的工作会因此而改善。

打破传统

在过去的五年里，我们的工作、流程和工具都发生了翻天覆地的变化。我们已经学会了如何去应对响应式 Web 设计的需求，还学会了利用 Web 设计风格指南来设计网页风格和元素。在下一章，我们将从排版开始，构建一个新的网页设计风格指南。

Web 设计规范

当你走进房间，两个人正在为一件事争论，而你恰好知道答案，那么就会产生一种不好的氛围。一场精彩的音乐会或者足球比赛中，也会有令人难以置信的气氛。这往往很难描述，难以确定。这就是你感受到的。在设计中，气氛包括从布局中分离出来的颜色、字体和纹理。在本章中，我们将探讨气氛的概念以及学习如何设计它。

从字体开始

当人们看一个设计稿时，经常把焦点放在色彩鲜艳的图形和照片上，但是一个好的设计可能是因为选择了一款个性的字体。这就是为什么我们需要制定 Web 设计风格指南，我们在客户说一些很外行的话的时候就会用到它。我们首先关注排版元素：标题、段落、各种列表、引用、表单和表格文本，以及其他元素。

当我们设计版式时，通常会平衡个性和可读性。偶尔，我们会发现这两个属性融合于一个字体上，而有时需要组合使用两种字体才行。一种字体作为主要字体，而另一种字体则体现个性的一面。在工作中，我们为选择合适的字体花了大量的时间。

这种 HTML 字体元素集合的形式并不罕见，Jeremy Keith 的 Pattern Primer 和 Bourbin Bitter 也和我们的很类似，你还会发现很多框架都采用这种方法。

PRIMARY TYPEFACE

Bliss is the only sans-serif typeface we use for all kinds of type setting including headings, body copy and other text elements.

COMPLEMENTARY TYPOGRAPHY

Bliss Light	ABCDEFGHIJKLMNOPQRSTUVWXYZ ?!@£$%&1234567890abcdefghijklm nopqrstuvwxyz	Bliss Bold It 1.2rem
Bliss Light It	ABCDEFGHIJKLMNOPQRSTUVWXYZ?!@ £$%&1234567890abcdefghijklmnopqrs tuvwxyz	Bliss It 1.6rem / 1.4 (inherited from body) 1.9rem / 1.4 (inherited)
Bliss Regular	ABCDEFGHIJKLMNOPQRSTUVWXYZ ?!@£$%&1234567890abcdefghijklm nopqrstuvwxyz	Bliss Light It 1.4rem 1.6rem
Bliss Regular It	ABCDEFGHIJKLMNOPQRSTUVWXYZ?!@ £$%&1234567890abcdefghijklmnopqrs tuvwxyz	Bliss Light 1.4rem 1.6rem
		Bliss Light 1.2rem 1.4rem

abc

The National STEM Centre houses the UK's largest collection of STEM teaching and learning resources, in order to provide teachers of STEM subjects with the ability to access a wide range of high-quality support materials.

The National STEM Centre houses the UK's largest collection of STEM teaching and learning resources, in order to provide teachers of STEM subjects with the ability to access a wide range of high-quality support materials.

THE NATIONAL STEM CENTRE HOUSES THE UK'S LARGEST COLLECTION OF STEM TEACHING AND LEARNING RESOURCES, IN ORDER TO PROVIDE TEACHERS OF STEM SUBJECTS WITH THE ABILITY TO ACCESS A WIDE RANGE OF HIGH-QUALITY SUPPORT MATERIALS.

THE NATIONAL STEM CENTRE HOUSES THE UK'S LARGEST COLLECTION OF STEM TEACHING AND LEARNING RESOURCES, IN ORDER TO PROVIDE TEACHERS OF STEM SUBJECTS WITH THE ABILITY TO ACCESS A WIDE RANGE OF HIGH-QUALITY SUPPORT MATERIALS.

在 SETM Learning 的设计项目中，我们采用了高度灵活的 Bliss 字体。在整个网站中，我们使用了它的多种风格和粗细。

PRIMARY TYPEFACE

Aktiv Grotesk is the only sans-serif typeface we use for all kinds of type setting including headings, body copy and other text elements.

COMPLEMENTARY TYPOGRAPHY

Aktiv Grotesk Light	ABCDEFGHIJKLMNOPQRSTUVW XYZ?!@£$%&1234567890abcdef ghijklmnopqrstuvwxyz	Lexia Bold 1.2rem
Aktiv Grotesk Light It	ABCDEFGHIJKLMNOPQRSTUVW XYZ?!@£$%&1234567890abcdef ghijklmnopqrstuvwxyz	Lexia standard 1.6rem / 1.3 (inherited) 1.8rem / 1.4 (inherited)
Aktiv Grotesk Regular	ABCDEFGHIJKLMNOPQRSTUVW XYZ?!@£$%&1234567890abcde fghijklmnopqrstuvwxyz	Lexia light 1.4rem 1.5rem

abc

Over the last 170 years, King's has built its reputation as a world class hospital, with roots that lie firmly in the heart of our community. We are both a leading teaching hospital and a local hospital with a diverse inner city population.

Over the last 170 years, King's has built its reputation as a world class hospital, with roots that lie firmly in the heart of our community. We are both a leading teaching hospital and a local hospital with a diverse inner city

在国王学院医院的项目中，我们使用了 Aktiv Grotest 和 Lexia 这两种字体，它们都来自字体设计公司 Dalton Maag。

活字校样

选择字体只是排版过程中的一部分，在响应式 Web 设计时，我们需要让版式在诸多不同类型的屏幕上都清晰且可读。这不仅意味着要兼顾不同的屏幕尺寸，同时还要确保排版在低分辨率和高分辨率上显示得一样好。

在过去，我们花了大量的时间和心血使用 Photoshop 或者 Sketch 来打磨版式细节。今天，要想实现一个渲染准确的响应式版式，不能再依赖一款图像处理工具了。我们需要使用 CSS 来设计版面，然后使用 HTML 在不同设备的浏览器上测试。

我们把这种方法叫做活字校样。这些 HTML 和 CSS 文件只包含标题和段落元素。

- 段落字号：12px - 21px

- 标题字号：12px - 38px

- 小文本字号：9px - 12px

测试可读性

活字校样不仅简单，而且易用。它们帮助我们和客户更好地协同工作，来设计出最好的排版。在协作设计过程中，我们仔细考虑适当的字号，并请客户在他们携带的设备上进行测试，同时鼓励他们邀请其他同事一起参与。

这里有一个案例：在国王学院医院的项目中，我们担心国家卫生服务的标注字体（Frutiger 45）在小屏幕上以较小字号显示时可能会令不易识别。因此，我们寻找了很多与 Frutiger 45 外观相近的开源字体，并测试了几种备选方案，最后确定使用 Dalton Maag 的 Aktiv Grotest 字体。

我们采用了两种活字校样，它们帮助我们在字体间做决定。第一个包含 Frutiger 45，另一个是 Aktiv Grotest。在我们客户使用的几个设备上并排显示来测试了两者的可读性，这帮助我们迅速做出判断，而且可能比我们看静态视觉效果更加准确。

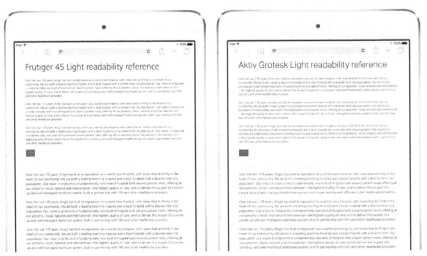

就几分钟，国王学院医院的团队就能选择 Frutiger（左边）或 Aktiv Grotest（右）作为他们新设计的字体。

决定最小和最大的尺寸

无论面对什么项目，遇到的第一个挑战就是为特定类型的设备选择合适的字号。我们使用活字校样来帮助决定不同尺寸屏幕上的最小或最大字号。使用什么具体的设备并不重要，确切的尺寸、型号或操作系统也不重要，它们的比例和特征才是最重要的。我们的基本字号由这些设备类型来决定。

- 较小的智能手机：iPhone 5s

- 中等的智能手机：iPhone 6s

- 较小的平板电脑：iPad mini（具有或不具有 Retina 显示屏）

- 较大的平板电脑：iPad Air

- 笔记本电脑：MacBook

- 台式电脑：iMac

显然，我们喜欢 Apple 产品，但如果你拥有其他相似类型的智能手机、平板电脑和个人电脑，使用活字校样也会很有效。

测试段落、标题和文本

我们先看小屏幕上的段落，把能看得舒服的最小字号设置为最小字体。12px 看起来太小，是因为我们的脸没有贴近设备屏幕？，那么 13px 或 14px 看起来会舒服一些吗？

然后，将同样大小的文字段落放到大屏幕上来看。这时观看距离会对效果有所影响，我们的眼睛通常会离大屏幕远一些，所以需要看一下字号是否仍然适合，如果不适合，我们还要增大字号来适应更远的观看距离。通过这种方式，我们可以快速为各种类型的设备选择最合适的字号。

相对于 em 或 rem 单位，客户更容易理解 px，即像素，因此我们以 px 为单位来设置文本字号。当然，在这个过程中，我们会把字体转换为弹性元素。

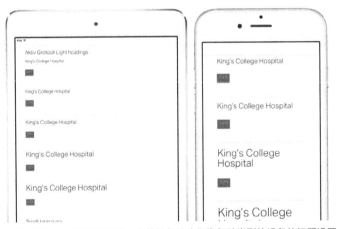

活字校样是一种简单的方法，它能够帮助我们为每种类型的设备的标题设置最大的字号。

使用相同的方法，还可以为标题和其他元素确定合适的字号。大标题使设计看起来更引人注目，然而它们更加适合大屏幕；小屏幕上的空间有限，每行只能显示几个词，因此需要谨慎地设置字号，不然看起来很不舒服。我们首先为小屏幕选定合适的标题字号，然后在不同的设备类型上测试。注意观察变化，一直到我们所能测试的最大屏幕。

对于按钮上的小文字、导航和页脚，使用相同的方法，都是先从最小的屏幕开始。

添加 CSS 媒体查询

现在活字校样能让我们快速的确定段落排版最合适的字号，但在以前，我们可能需要打开 Photoshop 或 Sketch。在将样式添加到网页设计风格指南之前，通过我们会通过 CSS 媒体查询来匹配我们的设备尺寸，这种方式经常帮助测试我们研究的结果。

我们先使用媒体查询测试了排版，下一步在与客户合作的过程中，我们会展开非正式的讨论。首先把活字校样放到不同类型的设备上，然后让客户来确认排版。我们发现，让客户参与决策有几个好处，他们更容易确认字号，因为我们鼓励客户携带自己的设备，这样我们就可以在自己手头没有的设备上测试这些排版。

判断印刷颜色

印刷颜色不是指文本的颜色，而是页面上的文本块的密度。选择合适的密度不仅对设计外观很重要，同时对可读性也很重要，尤其是在响应式 Web 设计中，它特别有用。

有多种因素会影响印刷颜色：字体、字母间的间隔（在 CSS 中，我们称之为字母间距 `letter-spacing`，在其他设计领域称为 tracking），以及文本行之间的空间（在样式表里，我们称之为行高 `line-height`，但在其他领域是指一些非常相似的行距）。

下面看看这三种因素在小屏幕上的截图。

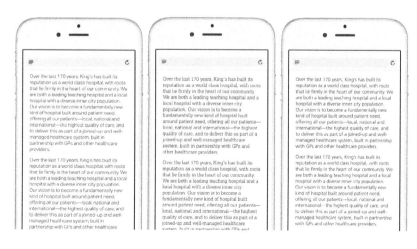

仔细观察这个例子，你应该能看到中间的图会显得比较暗，即使它使用了与其他设备一样的尺寸和颜色。因为我们选择了某种字体，这种字体使设计看起来更黑。

再次使用这个例子，为了让印刷颜色变得更加明亮，我增加了行高 `line-height`。这样就直接影响了排版的外观。

这就是告诉我们，设置响应式断点的时候，需要密切关注行高 `line-height` 是如何影响排版颜色和可读性的，这和我们关注的字号一样重要。

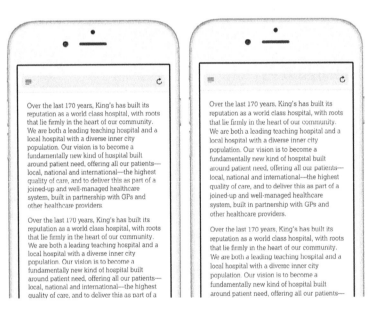

调整行高

根据经验，当文本的宽度变长时，我们应该增加行高 `line-height`，如在不同尺寸的设备上显示，或者在相同设备的竖屏和横屏旋转。然而，通常设计师只对 `body` 元素设置一次行高 `line-height`，而忽略调整屏幕宽度和文本长度增加的情况。我们应该不断调整行高 `line-height`，在响应式断点和活字校样时就开始，在更宽的列和更大的屏幕上，增加文本的行高 `line-height`。

我将跨响应式断点调整行高的过程称为比例优先（proportional leading）。我在 2010 年 7 月时第一次提出了这个概念。

检查字体加粗

随着时间的推移，高分辨率 Retina 屏幕变得越来越大，从 iPhone 4，到 iPad，然后是 MacBook，最后到 iMac。可是，不是每个人都那么幸运地拥有一块高分辨率显示屏。因此，设计师和开发者必须考虑在低分辨率或高分辨下，网页如何渲染。

活字较样再次成为检查字体跨屏幕分辨率的一种好方式。选择并使用一款时髦的细字体之后，必须确保它以低分辨率或高分辨率渲染时都能很好地呈现。

当以低分辨率渲染较细的文字时（左），我们可以通过给同一款字体加粗来修正它（右）。

颜色的运用

在 Web 设计风格指南里，颜色是设计规范的另一个方面。用户访问网站或使用 APP 时，颜色可以塑造氛围，唤起用户的情绪反应。我们可以使用颜色来向用户传达交互意图，比如用户可以做、不可以做或者不应该做的事情。下面总结一下网站或 APP 的交互元素。

- 链接 active、hover 和 visited 状态。

- 不同类型的表单按钮，包括 disabled、active 和 hover 状态。

- 不同类型的表单输入框。

我们可以用色彩来强调特定类型的内容，例如给这些内容添加背景和边框。

在设计时，颜色可以让我们通过设计来向用户传达信息，例如"可以点击什么？不能点击什么？已经点击什么？应该谨慎地点击什么？"

依靠 Web 设计风格指南，就可以恰到好处地选择这些颜色。与静态视觉方案相比，使用风格指南能让我们更加系统地考虑如何使用颜色。这对网站或 APP 用户非常重要，，因为他们会发现我们的设计非常简单易用。

选择颜色

一些客户在一个项目里带来自己的颜色集合，通常是品牌设计规范方案的形式。其他时候他们可能只有那个使用在他们 logo 上的单一的颜色，我们的工作就是创建一个调色板的颜色来搭配它。我希望每一个设计师都有自己的神奇的方法来创建颜色调色板。在我的工作室，我们一直在到处寻找色彩的灵感。我们已经开发了一些流程，它们帮助我们选择颜色，这些灵感来自于我们的客户，他们告诉我们有关他们的组织和他们的品牌的颜色。

确定一组颜色

优秀的设计并不需要一系列复杂的颜色，相反，相对简单的配色更容易将设计感体现出来。在我们的项目中，大部分设计只包括四种颜色甚至更少。我们把选择的颜色归类以下几种。

主要色：最常用的品牌、超级链接和主要背景色，包括按钮。

次要色：经常用来表示交互元素，例如超链接的 hover（鼠标悬浮）颜色和点击按钮时的背景色。

中性色：按钮的背景、复选框、表格条纹和其他元素。我们经常在边框和其他水平线上使用深色或浅色的中性颜色。

强调色：强颜色很少使用，它经常用于与主要色的对比，如报错和警告的背景色，以及边框颜色。

在国王学院医院的项目中，使用的主要颜色就来源于它现有品牌的颜色，这同时也能够反过来影响 NHS 的品牌设计规范。

再次强调，依靠 Web 设计风格指南，就可以恰到好处地选择这些颜色。它给参与项目的设计师和开发人员提供了一个参考，并可以帮助客户向公司的其他同事解释为何选择某种颜色。

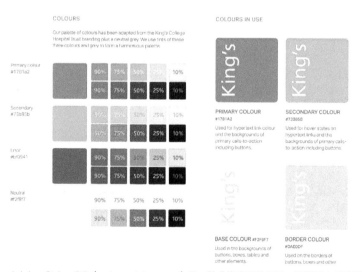

Adobe Color CC（color.adobe.com）是一款非常有用的工具，可以用来创建调色板。在国王学院医院项目中，我们用它来定义次要色和强调色，然后在调色板中添加了两种中性颜色，而不是一种。

品牌个性采访

在几乎每一个项目的开始，我们都会问客户是如何看待他们自己的品牌的。我们称之为品牌个性采访，我们会这样问我们的客户：

"假设你的品牌是一个人。这个人可以是今天真实存在的，也可以是一个历史人物，还可以是某本书或某部电影中的虚构角色。事实上，他不一定是一个真实存在的人。"

这不是开玩笑，每次我都会拿摩根·弗里曼举例子。接下来我们问：

"你觉得品牌的哪个部分吸引你，以及这些特征和你想要如何表达你的品牌。"

人们常说，摩根·弗里曼迷人的地方在于他的可靠而且值得信赖。最后，我们要求人们描述出最能体现品牌的六个特征。与此同时，我们也会询问客户不想让品牌呈现出哪些特征。下面有一些特征是我们在访谈中使用的例子。

- 有趣但不搞笑

- 机智但不滑头

- 严肃但不沉闷

- 专业但不刻板

- 友好但不客套

- 时尚但不浮夸

我们使用这些问题的答案来在图片库中寻求合适的颜色。当我们第一次与别人合作时，可以通过安排研讨会来解决这些品牌个性的问题。如果是为一个小团队（六人）服务，我们会与每个人讨论上述问题；对于更大的团队，最好让他们分成三人或四人小组分别讨论，在会议结束时，我们把大家聚在一起对比大家的想法。

确定色调

2004 年 5 月，我在博客上的第一篇文章里描述了一项技术——从一组核心颜色着手，创建拥有更多颜色的调色板。也就是我在前一节中介绍的，如主要色、次要色、中性色和强调色。

自 2004 年以来发生了很多变化，令人难以置信，但我仍然在使用这项技术，几乎在每一个项目中都会用到。它非常简单。

- 创建五个方块，并用你选择的其中一个颜色去填充它们。

- 调整方块的透明度来稀释颜色强度。我用 90%、75%、50%、25% 和 10%。

- 用你选择的颜色创建灰暗的色调，并把这五个方块放在一致的黑色底部上。

- 重复上面的动作，但是这次创建亮色调，并放置在白色方块的底部。

- 重复每个颜色设置，创建你需要的所有色调。

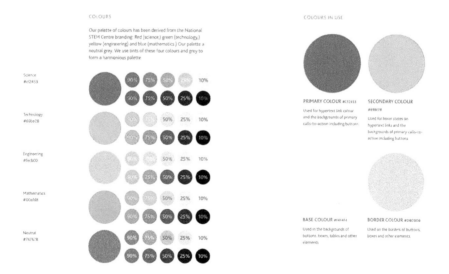

在 STEM Learning 公司的品牌设计规范中，四种颜色分别代表科学（Science）、技术（Technology）、工程（Engineering）和数学（Math）。在品牌设计规范下，我们设计了新网站，并提炼出了一个很酷的调色板，中性色和鲜艳色形成了很美的对比。

STEM Learning 品牌设计规范中的四个生动的颜色不能满足我们的需要，所以我们使用可靠的技术来丰富调色板，增加更多微妙的颜色。这种技术可能比较老旧，但事实证明，我们创造的调色板恰到好处。

测试颜色的可访问性

事实上，许多设计师直到项目的后期才做颜色对比和可访问性测试，这让我很为难。对我来说，色彩对比和可访问性不应该是测试工作，而是设计任务。所以我们需要在设计过程中关注它们。使用 Web 设计风格指南最大的好处是，我们更早地关注可访问性，然后花更多时间纠正潜在的问题。

当测试颜色的可访问性时，需要确保元素的背景色有足够的对比，并且里面有一些文本。我们可以改变对比度或选择互补颜色作为背景色和前景色。

在国王学院医院项目的早期，背景色和前景色的对比度不足。

📄　King's Healthy Passport

📄　Feedback complaints form

↪　King's Health Patrners

↪　100 Years of King's in Camberwell

幸运的是，我们在把颜色调色板交给客户之前，就测试了对比度，并调整了设计。

King's Healthy Passport

Feedback complaints form

King's Health Patrners

100 Years of King's in Camberwell

我觉得在灰度下进行设计对于测试颜色的可访问性非常有效。这不仅让我们把注意力放在对比度上，还能让我们在排版布局时避免被干扰。

有一些很棒的工具可以帮助我们检查颜色组合的对比度，我个人最喜欢的是 Lea Verou 对比度检查器。这款工具简单便捷，适合所有人使用。

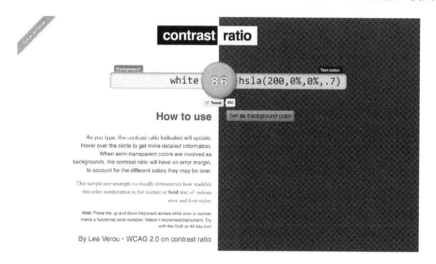

添加纹理

当我们创建设计风格指南时，纹理指的是修饰方面，有助于让设计富有个性。纹理包括边界样式、阴影和容器的形状。当然，纹理有时也可以包括拟物设计纹理。所以当你需要时，可以制作人造革和撕纸边缘的效果。

边框和间隔决定着纹理。我相信所有的网站设计中都包含了边框，它们可以是 solid、double 或者 dashed 形式。如果要设计一个复古的外观，我们甚至可以使用早起的 CSS 属性，如 groove 和 ridge、inset 和 outset。

再进一步，我们还需要决定边框的宽度，以及这些边框的宽度是否统一。对于一个设计，我们可能希望所有边框一样宽；或者，我们可能会采用不同的宽度来体现立体感。

另一个问题是，如何使用各种分界线样式来创建层次结构。在文章内部的元素 article 之间，我们可以使用虚线边界；在文章之间，可以使用实线；紧密的双边框可以表达一个层次结构。

背景也会影响纹理。如何给内容区域阴影使用背景？我们会使用纯色？还是渐变？或者图案？

盒子的设计可以使用纹理。我们把盒子做成圆角还是直角？如果是圆角，那么四个角的半径都是相等的？或者将其中一个角设计得更圆，创造出不寻常的形状？

按钮的外观关乎纹理。我们想让按钮在屏幕上看起来像个真实的物理按键吗？如果想要实现这种拟物化效果，按钮的光影应该是怎样添加？渐变会使按钮看起来很光滑？使用阴影能够将按钮从背景中突显出来吗？我们要不要给它们使用背景或使它们透明？我们会跟随时尚，并添加细的轮廓和大写按钮文本吗？

我们如何对待内联图像？如何给它们添加细边框？如何添加白色粗边

框来模拟宝丽来相片？图标采用什么风格？使用图形或手绘？

这些有关纹理的设计决策，能让你的设计独一无二，它或有趣、或敏感、或严肃、或专业，但对用户总是友好的。

静态图像的价值

为设计确定风格对于响应式 Web 设计是个优势，但它也有缺点。当我们分别关注风格和组件时，有时很难把它们形成一个统一的整体。

由于这个原因，设计很容易脱节，缺乏连通性。因此，我们需要基于一点来审视设计的方方面面，以防止上述情况的发生。

在浏览器里讨论设计和静态视觉效果，很容易使人陷入争论。事实上，代码和视觉效果缺一不可。HTML 和 CSS 编辑器和图形工具是最有效的，我们应该使用它们。几乎在每个项目开始时，我们都会在纸上画草图，因为在早期表达想法，铅笔和纸绝对是最好的工具。

当确定了一个方向后，我们开始敲代码，在浏览器里尝试版式布局、原型交互元素和测试早期的设计。毫无疑问，HTML 和 CSS 是这个阶段最好的工具。

在设计排版、色彩和纹理的过程中，我们几乎完全在浏览器中使用 HTML 和 CSS，因为我们知道它给我们最真实的结果。在设计方向之间转换时我们使用代码快速迭代。当需要敏捷灵活时，我们发现代码和浏览器是目前为止最好的工具。

我们喜欢在浏览器中使用 HTML 和 CSS 进行设计，但对于某些环节，Photoshop 或 Sketch 工具更好用。说出来可能吓着你，我们经常创建静态视觉效果，有时甚至是完整的 Web 页面，因为我们希望看到设计的整体，而它可能只是一个标题。

我们会制作关键页面的视觉效果，也许是文章列表或一系列产品、博客或新闻条目，有时甚至是一个主页。因为我们发现，设计关键视觉效果，会让设计更加连贯。

与过去不同的是，我们不会制作出所有页面的视觉效果，那样做没有什么收获，甚至是白费功夫；此外，我们也不会设计小屏或中屏版本，而仅制作台式机版本，因为静态图像从来就不是用来解决响应式设计问题的工具。

当要添加一些额外的设计细节时，使用静态版本的设计依然有效。并且，如果想尝试添加微妙的轮廓、阴影或底纹时，无论你的代码功夫有娴熟，还是应该使用 Photoshop 或 Sketch，它们是不可替代的。

这些小细节会带来很大的改变，可以很容易地将一个普通的设计变得更有趣。现在你可能会问："哪些方面不能在浏览器中做呢？"事实上，答案是没有。然而图形化工具环境可以让我们远离 HTML 和 CSS 代码实现中的实际问题，有助于我们更清晰地关注视觉细节。

打破传统

过去五年中，网站和应用设计规范发生了巨大的变化。就像我们设计的响应式网站，设计风格、开发组件已经成为一种越来越普遍的设计实践。我们设计色彩、字体和纹理，开发 Web 设计风格指南和样式库，并把它们制作成工具，而不仅仅是一纸文档，这帮助我们更清楚地关注响应式断点的设计。

第二部分——
HTML终极修炼

恰当、简洁的HTML能让用户获得绝佳的体验，但问题是，我们很难写出最优的页面代码。div、class、id这些都是HTML中非常规范的标签，那么问题到底出在哪里？除非你是一个代码洁癖患者，否则你的页面代码很容易变得乱糟糟的。不过别担心，我这就给你指明一条光明大道。

在这一部分，你将学习最新的语义化元素；探索革命性的微格式2；了解WAI-ARIA规则。所有这些，都会让你大幅减少对非语义元素和属性的依赖。做好准备，是时候修炼你的HTML功夫了。

第7章 直击HTML

每天早晨，我都例行公事般地喝咖啡、收邮件和刷 Twitter。我在 Instagram 上浏览照片，查看屏幕截图，然后上传到 Dribbble。我还使用 DiggReader 来阅读 RSS 订阅，然后在 Swarm 上看看附近的小伙伴。这些站点都与传统意义上的网站不同，它们更像是桌面软件，而不是 Web 应用。

Web 应用已经变得越来越强大和复杂，但是标记语言与早期相比没什么变化。HTML 以及后来更严格的 XML、XHTML，这些是用来构建网页的工具，而不是构建应用的工具。所以 HTML5 应运而生——我们先来介绍一点历史知识。

在 HTML4.0 发布之后，W3C 关闭了 HTML 工作组。HTML 结束了。他们认为未来是属于 XML 的，而不是 HTML。在 2004 年的时候，W3C 举办了一场研讨会，几个浏览器大厂都参加了。他们考虑设计一款文档语言用来开发 Web 应用。

Mozilla 和 Opera 给出了自己的建议，但是 W3C 忽略了他们……

目前 W3C 不打算为 HTML 和 CSS 的 Web 应用投入任何资源。

但在真实世界中，浏览器厂商才有决定权，而不是 W3C 这样的标准组织。因此，当 W3C 拒绝了厂商提出的建议后，这些厂商自己组建了一个 WHATWG 工作组。这是一个松散、非官方且开放的协作式工作组，其成员包括苹果、Google、Mozilla 和 Opera。微软最初没有加入这个组织。WHATWG 称其规范为 WebApplications1.0。

与此同时，W3C 的工作也在继续，他们把重心放在了文档语言 XHTML2 上面。虽然他们雄心勃勃，然而没有这些浏览器大厂的支持，他们的命运是注定的。正如 MarkPilgrim 所说"赢家是顺应潮流的人。"

在 Web 标准的制定上，浏览器厂商握有重要的牌。各厂商都在不遗余力地支持 HTML5，快速开发制定规范，结果呢？ HTML 不仅被广泛采用，而且成为了标准，即使 W3C 到 2022 年也不认可它。

我们是要等到那时才能使用 HTML5 ？幸好我们没那么做，如果选择了等待，那我们就创造不出令人激动的网站和应用了。

有人肯定会问"如果规范变了，我是不是还得修改我的 HTML？"是的。无论怎样我们都要改变。

HTML 不会冰封，改写 HTML5 标记是其进化过程中的一部分。

HTML5 建立在已有的标记之上，它不是一门新语言，而是在原有的基础之上加了一些强大的特性。学习 HTML5 不是很难，我们现在就开始吧。

简述

从最简单的开始吧。首先用简短的 HTML 写一个文档类型的声明。

```
<!DOCTYPE html>
```

没有版本号、没有语言、没有 URI，只是一个普通的 HTML。

文档类型 doctype 是不区分大小写的，所以也可以写为：`<!doctypehtml>`、`<!DOCTYPEhtml>` 或者 `<!DoctypeHTML>`。

你知道吗，最新版本的 HTML 甚至不需要写 doctype，你甚至可以不声明它，页面仍然有效。但不建议这样做。

不仅 doctype 变短了，字符编码也变短了。下面是一个写在 HTML 里面的 meta 元素。

```
<meta charset="UTF-8">
```

我们不需要指定每一个 link 上面的每个 stylesheet 值，我们可以简写成这样。

```
<link rel="stylesheet" href="Hardboiled.css">
```

因为浏览器不需要知道，我们不必要包含 `text/javascript`，我们可以简写成这样。

```
<script src="modernizr.js"></script>
```

HTML 不计较我们怎么写标记。是否大小写，是否大小写混用，是否忘记闭合标签，HTML 都不介意。浏览器也不介意，所以按照自己的喜好来写吧。

HTML 中的语义元素

HTML5 引入了一组新的元素，提高了页面的构建能力。你的文档可能仍然充满了 `div`——HTML4.01 规范中描述其为"附加结构机制"——对相关内容进行语义分组。

```
<div class="branding"> […] </div>

<div class="nav"> […] </div>

<div class="content">
    <div class="content__main"> […] </div>
    <div class="content__sub"> […] </div>
</div>

<div class="footer"> […] </div>
```

以上标签中的任何一个属性语义都是比较隐晦的，也不是机器可读的。在实践中，爬虫会认为 `you-dumb-mug` 和 `content__main` 毫无区别。

将来，添加 `id` 和 `class` 属性将只是简单地描述可视化布局，而不会承担语义化的任务。

我们可以替换一些语义更精确的结构元素来帮助减少对可视化的依赖。结果是，我们的可视化布局将会变得更简单。

2005 年，Google 调查了 30 亿的网页，从中找出设计师最常用的 `id` 和 `class` 属性。这些发现后来成为了 HTML5 的基本元素。

* section

* article

* aside

* header

* footer

* nav

这个列表并不全面，因为本书并不是一本 HTML 参考书。参考书我推荐 Jeremy Keith 的《HTML5+CSS3 网页设计入门必读》。

section

挑选一个典型的 Web 页面的结构，我们就会发现 div 元素。这些元素组织起相关内容，帮助我们建立 CSS 布局。我们看一下一个老手构建的页面。

```
<div class="banner"> […] </div>

<div class="navigation"> […] </div>

<div class="content">
    <div class="content__uk"> […] </div>
    <div class="content__usa"> […] </div>
    <div class="content__world"> […] </div>
</div>

<div class="footer"> […] </div>
```

这样垒代码是非常有效的。然而，虽然我们能理解每个 div 代表了页面上的一小块，浏览器却无法将它们和任何匿名块级元素区分开。

相反，section 元素将内容组织到精确的语义块而不是通用容器中。把它们当做文档中独立且清晰存在的一部分。在下一个例子中，section 将包含不同国家地区的新闻报道，每一篇报道与国家地区都是相关的。请注意，每一个部分都是独立的，所以我们将在每个部分中加入描述性标题。

如果有必要，我们可以添加 id 属性，以便通过片段标识符寻址。

```
http://hardboiledwebdesign.com#content__uk:
```

向 BEM 转换

如果你多年来关注我的作品，你会发现我一直痴迷于 HTML 的命名规则和尽量少写 class。编写最简洁的 HTML 是我的信仰。

过去，我尽可能使用较短的 class 命名，比如我会像下面这样，使用 CSS 的属性选择器来替代 class 的显示声明。

```
a[title="Get Hardboiled"] {
border-bottom : 5px solid #ebf4f6; }
```

我使用子选择器（配合 > 使用）直接定义元素子集的样式，在这个例子中，ul 无序列表就是 header 元素的子集。

```
header > ul {
list-style-type : none;
display : flex; }
```

当然，我使用了很多相邻兄弟选择器。这种选择器可能已不再安全，它会把样式规则作用在近邻指定元素后方的元素上。比如下面的例子会对 h1 一级标题后的 header 元素增加一个蓝色的边框。

```
h1 + header {
border-bottom : 5px solid #ebf4f6; }
```

甚至有一次，我制作了一个完全没有包含任何类属性的页面，什么都没有。每每想到这里，就很同情那些不得不靠很多 class 来构建页面的开发人员。

在过去的几年里，我们公司参与了几个大项目，这让我意识到，良好的代码结构、HTML 和 CSS 元素之间的关系，对于项目交付是很重要的。BEM 语法或者命名公约的作用就在于此。

区块、元素、装饰器

仔细看之前例子，你就会注意到，许多元素的属性值都有两条下划线或者俩个连字符。这些连字符和下划线是 BEM 系统的一部分，它们经常像下面这样使用。

.block 用作高阶元素，包含了其他的内容和风格。例如在本书第一部分里，一个具有 container 的 class 里面将包含一些子元素，包含一些主内容和互补内容。这个 container 就是典型的 BEM 区块。

.block__element 代表这个元素是我们的子容器。主内容和互补内容边界就是很好的例子。用两个带下划线的元素就能描述它们的边界：.container__main 和 .container__complementary。子元素或者特定的段落（如 .container__lead）也可包含标题（如 .container__heading）。

.block--modifier 描述了对一个区块元素的改变。在本书网站的主页中，主容器是一个浅色背景，然而，一些属性改变了，它就变成了深色背景。我们可以通过有两个连字符的属性来做到，比如：container--dark

使用这个约定可以帮助精确定义不同元素之间的关系。开发人员可以通过检查 HTML 结构或者通过阅读我的样式表来理解。`.container__main` 显然是容器的子元素。容器标题就是 `container__heading`。开发人员不需要理解 `.container__dark` 的目的，因为 BEM 语法告诉他们，这是 `.container` 的一个标准替代。

使用 BEM 已经改变了我的工作，尽管我仍然追求简洁的 HTML 代码，但我可以为此牺牲一部分严谨的代码风格。

```
<section id="content__uk">
   <h1>Stories from the UK</h1>
</section>

<section id="content__usa">
   <h1>Stories from the USA</h1>
</section>

<section id="content__world">
   <h1>Stories from around the world</h1>
</section>
```

让我们继续增加一些文章来构建文档。

article

当我们为博客、在线杂志或新闻网站写稿时，我们就是在发布文章。在 HTML 中，每篇文章都是一个独立的故事，就算没有网页中的上下文，它也应该能被人们理解。这听起来类似于 `section`，但有很大的差别。`article` 代表了一个故事，可以独立存在，而 `section` 是页面中完整的一部分，它包含多个相关文章。

检查 `article` 标记是否运用得当的方法是：看其内容本身是否有意义。例如，将之导入 iPad 的 Pocket 应用里，看它是否还具备完整的意义。

如果你仍然对 `section` 和 `article` 的区别有所困惑，Doctor Bruce Lawson 的文章"HTML5 articles and sections: what's the difference?"可以供你参考。

如果你有 iPad，使用 Pocket 是阅读文章的好方式。在 Pocket 里，内容是独立的，并且没有广告和导航等。Mac OSX 和 iOS 中的 Safari 也提供类似的功能。

让我们给本书归档页的大纲的每个部分各自添加一段文章。

```
<section id="content__uk">
   <h1>Stories from the UK</h1>
   <article> […] </article>
   <article> […] </article>
   <article> […] </article>
</section>

<section id="content__usa">
   <h1>Stories from the UK</h1>
   <article> […] </article>
   <article> […] </article>
   <article> […] </article>
</section>

<section id="content__world">
   <h1>Stories from around the world</h1>
   <article> […] </article>
   <article> […] </article>
   <article> […] </article>
</section>
```

section 可以包含 article，article 也可以包含 section。你想轻

轻松松地学习新的 HTML 元素？不可能吧？

我来帮你梳理一下对 article 和 section 的困惑，那不是你的问题，在以下例子中，article 元素中分为三个部分，每个都对应一个知名作家。

```
<article>
   <section id="chandler">[…]</section>
   <section id="hammett">[…]</section>
   <section id="spillane">[…]</section>
</article>
```

header

页面的标志区域或报头可以用 header 元素来描述，通常这些标题放在页面的顶端，当然也可以放在底部或者其他地方。我们用一个更合适的 header 元素来替换经典的 banner。

```
<header>
   <h1>It's Hardboiled</h1>
</header>
```

我们可以在 section 或者 article 里面添加 header 元素，而且在页面里面可以有多个 header。这意味着我们有多种使用 header 的方式：作为整页的标志；作为介绍 section 和 article 区域的引言，或者二者混合使用。

下面我们试试在 article 中加上"本书作者"的 header 描述。

```
<article>
   <header>
      <h1>Hardboiled authors</h1>
   </header>

   <section id="chandler">
      <header>
            <h1>Raymond Chandler</h1>
      </header>
   </section>

      <section id="dashiell-hammett">
            <header>
                  <h1>Dashiell Hammett</h1>
            </header>
```

```
        </section>

        <section id="mickey-spillane">
                <header>
                        <h1>Mickey Spillane</h1>
                </header>
        </section>
</article>
```

这个规范将 `header` 元素描述成"导航辅助或组引导的容器"。让我们可以自由地包含搜索表单、时间日历组件。页面或者段落都将以此开始。

footer

我在 2004 年对一些元素的使用情况进行过调研，Google 也做过类似的调研，我们都发现：大多数设计师都会标注页脚，通常包含联系人和版权信息——这就是页脚。

在典型的 HTML4.01 和 XHTML1.0 文档中，页脚通常会是一个 `div` 并带有一个值为 `footer` 的 `class` 属性。

```
<div class="footer"> […] </div>
```

我们甚至可以使用 `footer` 元素来替换蹩脚的 `div` 布局。

```
<footer>
    <h3>It's Hardboiled</h3>
    <small>Creative Commons Attribution-ShareAlike 4.0
International License.</small>
</footer>
```

虽然它的名字叫做页脚，但我们没必要将它放在页面、`section` 或者 `article` 的底部。事实上，在任何一个容器元素中都可以放一个。就像 `header` 一样，我们可以使用 `footer` 来定义任何 `section` 或 `article` 中的 `meta` 信息。在 `article` 内部，页脚应该包含作者信息或者发布时间。而 `section` 的页脚应该包含文章的更新时间或新文章的添加时间等相关信息。

```
<section id="spillane">
    <header>
        <h1>Mickey Spillane</h1>
    </header>
```

```
<footer>
    <small>Published by Andy Clarke on 20th Nov. 2015</small>
</footer>
</section>
```

aside

Mickey Spillane 是一名多产的小说家，如果我们要写一篇关于他工作生活的传记，我们应该在传记里包含相关的信息，比如他的小说《My Gun Is Quick》。反之，如果我们要写这本书的书评，那我们应该捎带上作者简介。HTML5 使用 aside 来定义这种类似的关系。

我们可以用 aside 来描述和文章相关，但对于理解文章又不是非常重要的内容。下面让我们写一段 Mickey Spillane 的简介，其中 header 包含了标题，footer 包含作者名字，以及 article 的发布日期。

```
<article>
    <header>
        <h1>Mickey Spillane</h1>
    </header>

    <footer>
        <small>Published by Andy Clarke on 20th Nov. 2015</small>
    </footer>

    <p>Frank Morrison Spillane, better known as Mickey Spillane,
was an author of crime novels…</p>
</article>
```

像我喝的咖啡一样顺滑流畅，现在我们来添加一些 aside，来包含《My Gun Is Quick》的信息。

```
<article>
    <header>
        <h1>Mickey Spillane</h1>
    </header>

    <footer>
        <small>Published by Andy Clarke on 20th Nov. 2015</small>
    </footer>

    <p>Frank Morrison Spillane, better known as Mickey Spillane,
was an author of crime novels…</p>
    <aside>
```

```
    <h2>My Gun Is Quick</h2>
    <p>Mickey Spillane's second novel featuring private
investigator Mike Hammer.</p>
    </aside>
</article>
```

也许我们的页面包含其他小说作家的信息。对于我们的作者简介来说，这个容器内容不是特别相关，所以我们应该把 aside 置于文章之外。在这种情况下，我们也应该在 section 元素包裹 article 和 aside、使其申明这两个是相关的。

```
<section>
    <article>
        <header>
            <h1>Mickey Spillane</h1>
        </header>

        <footer>
            <small>Published by Andy Clarkeon 20th Nov. 2015</small>
        </footer>

        <p>Frank Morrison Spillane,better known as Mickey Spillane,
was an author of crime novels...</p>
        <aside>
        <h2>My Gun Is Quick</h2>
        <p>Mickey Spillane's second novel featuring private
investigator Mike Hammer.</p>
        </aside>
    </article>
    <aside>
        <h2>Other crime fiction writers</h2>
        <ul>
            <li>Raymond Chandler</li>
            <li>Dashiell Hammett</li>
            <li>Jonathan Latimer</li>
        </ul>
    </aside>
</section>
```

nav

有了导航，浏览网站变得更加简单。当我们构建页面时，导航通常看起来是这样的。

```
<div class="nav--main">
   <ul>
      <li><a href="about.html">What's Hardboiled?</a></li>
      <li><a href="archives.html">Archives</a></li>
      <li><a href="authors.html">Hardboiled Authors</a></li>
      <li><a href="store.html">Classic Hardboiled</a></li>
   </ul>
</div>
```

我们已经习惯了使用列表标记导航，但我们还使用列表标记其他事情。那么问题来了，浏览器如何区分不同的列表？

好在我们现在有了 nav 元素，来实现页面上的一个或多个"主要导航块"。不是所有的链接或者链接区块都是页面主导航，所以我们应该保留 nav 元素，以便帮助人们快速区分出哪里才是页面导航

导航可能会包含跳转最重要页面的链接列表，它可能在 header 中，可能在侧边栏，也可能在 footer 中。接下来，我们将使用充满语义的 nav 元素，取代以前的 div 布局。

```
<nav>
   <ul>
      <li><a href="about.html">What's Hardboiled?</a></li>
      <li><a href="archives.html">Archives</a></li>
      <li><a href="authors.html">Hardboiled Authors</a></li>
      <li><a href="store.html">Classic Hardboiled</a></li>
   </ul>
</nav>
```

当访客通过搜索来寻找内容时，我们在 nav 中添加一个搜索表单。如果我们包含跳转链接，这些也可以作为无障碍技术的主要导航区域。

figure

我通常会在印刷品、图片、图表、简图中配上一些说明文字。与其纠结使用什么样的元素来做图注，不如直接使用 figure 和 figcaption 元素，就像下面这样。

```
<figure>
   <img src="jury.jpg" alt="I, The Jury">
   <figcaption>I, The Jury by Mickey Spillane</figcaption>
</figure>
```

当我们需要注释一组元素时，我们可以嵌套多个图片、图表示意图，然后用一个 `figcaption` 来标记。

```
<figure>
    <img src="jury.jpg" alt="I, The Jury">
    <img src="gun.jpg" alt="My Gun is Quick">
    <img src="vengeance.jpg" alt="Vengeance Is Mine!">
    <figcaption>Books by Mickey Spillane</figcaption>
</figure>
```

HTML5 时间和日期

你可以想象，在 HTML 里写日期如此简单。

```
<footer>
    <small>Published by Andy Clarke on 06/05/2015</small>
</footer>
```

但问题是，软件很难知道这串数字是一个日期。另一方面，人们对相同的数字可能会有不同的解读，如果你来自英国，这些数字代表 2015 年 5 月 6 日，但如果你生活在美国，你可能认为它表示 6 月 5 日，2015 年。

为了解决这个问题，`time` 元素必须对人是可读的——不管是 6 May 2015, 还是 May 6th, 2015——这些参数必须格式化。

```
<time>May 6th 2015</time>
```

`time` 元素是由两个版本的日期或日期 / 时间属性构成的。首先是一个人类可读的、自然语言的日期；第二个是名为 `datetime` 的机器可读属性，它遵从 ISO 标准日期格式：`YYYY-MM-DDThh:mm:ss`。年月日后跟着的是小时、分钟和秒（如果我们需要精确的话）。

```
<time datetime="2015-05-06">May 6th 2015</time>
```

`time` 元素有一段曲折的历史。在 2011 年首次引入 HTML5 中的时候，它曾遭 HTML 规范的抛弃，被一个更通用、且在我看来缺乏语义的 `data` 元素替代。好在当年晚些时候 `time` 元素又被加入到规范中，并增加了一些有用的额外功能。比如此前的 `datetime` 格式要求精确，而新支持的 ISO 标准格式则允许使用模糊日期。

```
<time datetime="2015"> means the year 2015
<time datetime="2015-05"> means May 2015
<time datetime="05-06"> means 6th May (in any year)
<time datetime="2015-W1"> means week 1 of 2015
```

当需要描述一个事件持续多长时间时，可以使用 datetime 属性和前缀 P。添加后缀 D 表示天、H 表示小时、M 表示分钟、S 表示秒。如果你想标记为了买火车票排了一天队的话，像下面这样写就好了。

```
<time datetime="P 1 D">
```

下一个事件持续了 1 天 6 小时 10 分钟 30 秒。发现了吗？额外的 T（时间）前缀表示一个更为精确的时间。

```
<time datetime="PT 1D 6H 10M 30S">
```

通过结合精确、结构化的日期格式，日期和时间得以借助自然语言来设定，同时实现了一个对于人类和机器都可读的通用格式。

表单元素

哪种网站或 APP 将由一两个表单构成？无论你喜不喜欢，如果网站中没有表单，那着实让人难以接受。HTML5 引入十多个 input 类型和属性，这令实现复杂的控制和功能——如滑块、日期选择器和客户端验证——变得更加简单。这些元素包括 email、url、tel 和 search。不要担心老旧的浏览器，因为当浏览器无法理解这些 input 类型的时候，会自动降级为文本框。

电子邮件 email
很多场景下都需要填写电邮地址，比如联系人表单、评论表单、注册、登记表单等。选择 email 的 input 类型，来表述这些 email 地址。

现在你可以使用各种各样的有趣的功能，比如检查电邮地址的有效性，以及是否包含 @ 符号等。在一个 email 类型输入框中输入时，Safari 会自动调出虚拟键盘，@ 符号很直观地出现在键盘下方。

我们已经习惯了使
用软键盘处理手头
工作，如左图所示，
iPad 键盘已经包含
了一个可以便捷输
入 email 的设置键。

```
<input type="email">
```

网址 url

当我们使用 URL 类型的输入框时——为了帮助用户专注和精准的输入
网址地址——iOS 软键盘会为此类型输入框提供斜杠 /、句点以及 .com
这样的按键。

```
<input type="url">
```

提升网站表单的体
验，有助于让人们愿
意完成输入。当使用
url 时，iPhone 的
键盘会自动在下方
调取出 .com 按钮。

电话 tel

如果我们使用 tel 输入框，iOS 会自动调出数字键盘。

```
<input type="tel">
```

iOS 做了很多细致且卓越的工作，以使键盘输入更加便捷。

搜索 search

如果网站内容太多，我们就得使用搜索框来找到所需的内容。刚好有一个输入框表单类型可以用于搜索。

```
<input type="search">
```

在 iOS 系统的 Safari 浏览器上，search 输入框的边角更加圆润；而在 Mac OS X 系统的 Safari 浏览器上（在别的桌面浏览器上也同样），search 和普通文本框的外观别无二致，直到我们与之交互。在 Chrome、Safari 和 Opera 这些浏览器上，搜索查询体验会更加便捷，它们会自动在搜索框内增加一个图标，当用户点击这个图标时，就会清除已经在搜索框内输入的内容。

通过添加一些小的额外属性，可以让你定制的输入框更有范儿。比如添加 autosave 属性，为其添加一个唯一值，在我们的例子中，我们写上"gethardboiled"，然后在 Safari 中奇迹出现了，搜索框中不仅会添加一个放大镜图标，而且在点击它的时候，会出现一个列表，其中是近期搜索过的关键词。无论页面是否刷新，这个列表都会保存。此外，可以使用 results 属性来控制记录多少个最近搜索的关键词，在下例中，我们的表单将保存最近搜索的 10 个关键词。

```
<input type="search" results="10" autosave="getHardboiled">
```

search 输入框在样式处理上简直是臭名昭著，而其结果列表的样式在不同浏览器下也是千差万别。所以我的建议是，把这些交给浏览器来处理，不必太过渲染输入框。

数字 number

如果我们使用 number 输入类型，iOS 会自动调出一个只有数字的键盘。但在大多数桌面浏览器中，更有趣的事情发生了。Chrome，Firefox、Opera 和 Safari，在 number 输入框右侧增加了输入箭头或旋钮。按下这些箭头，或使用键盘上的方向键，或者使用鼠标滚轮向上或向下滚动，即可调整输入的号码。

```
<input type="number" steps="10">
```

如果你并不需要这些箭头，你可以在 Chrome、Firefox、Opera 以及 Safari 中，使用一段非标准，但是却非常好用的 CSS 代码。

```
input[type=number]::-webkit-inner-spin-button,
input[type=number]::-webkit-outer-spin-button {
-webkit-appearance: none;
-moz-appearance : textfield;
margin: 0; }
```

这样一来，number 的功能保持不变，人们仍然可以使用键盘的方向键或鼠标滚轮来调整数字。

本地日期选择器 Native date picker

当人们在航空公司、租车服务或酒店网站上选择日期的时候，总是要耗费极大的精力和时间。HTML 的原生日期选择器将会让我们不再那么痛苦。

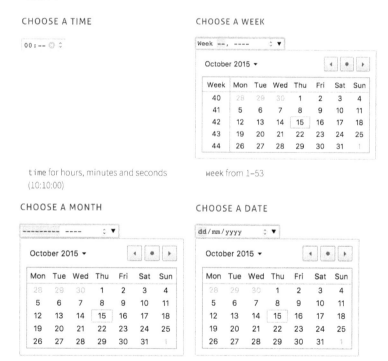

CHOOSE A TIME

time for hours, minutes and seconds (10:10:00)

CHOOSE A WEEK

week from 1–53

CHOOSE A MONTH

CHOOSE A DATE

占位符文本 `placeholder`

表单标签总会给人带来各种麻烦。我总想为没有标签文本的表单元素

制作一个可视化提示。`placeholder` 属性，会将提示信息添加到任何
为空且失去焦点的 `input` 中；而不支持这个属性的浏览器会忽略这个
提示文本。

```
<input type="search" title="Search this site"
placeholder="Search this site">
```

`label` 并不是必需的，当表单内容很简单的时候，它可以被标题或者
明确的标题按钮所替代。

自动焦点 autofocus

像大多数人一样，当我使用 Google 搜索的时候，光标会自动聚焦在搜
索框内；而与很多普通人不同，作为设计师，我会注意这些小的体验
改进。在过去，我们必须使用脚本才能达到这样的效果，但现在完全
可以使用 `autofocus` 属性，来以原生的方式让浏览器帮助我们实现。
不支持 `autofocus` 属性的浏览器将会自动忽略它：

```
<input type="search" autofocus>
```

自动完成 autocomplete

使用 `autocomplete` 属性，可以以原生的方式实现自动补充的效果。

```
<input type="text" name="name" autocomplete="on">
```

使用 `autocomplete` 的时候需要注意安全性，尤其在某些场景下最好
不要使用，比如涉及信用卡或其他财务信息的时候。

```
<input type="text" name="credit-card" autocomplete="off">
```

列表 list 和数据列表 datalist

通常，帮助访客完成表单输入的最好方式，就是让他们回答问题、给
出建议，或做出选择。我们来看下 `list` 属性，它包含一个 `datalist`，
在一个文本输入框上复合了一个 `select` 框，这样可以方便快捷地选择
输入内容。

想象一下，当我们在表单中问访客最喜欢的侦探是谁时，为了帮助用户
快速做出选择，可以在 `datalist` 里提供一些侦探的名字，然后给一个

text 类型的 input 添加一个 list 属性，并通过给紧邻的 datalist 设置相同的 id，将二者联动起来。。

```
<input type="text" list="detectives">
<datalist id="detectives">
   <option value="Mike Hammer">Mike Hammer</option>
   <option value="Sam Spade">Sam Spade</option>
   <option value="Philip Marlowe">Philip Marlowe</option>
</datalist>
```

访客既可以自己输入，也可以从 datalist 中选择可用的选项。如果浏览器不支持此属性，则忽略它们，只显示出普通文本输入框。

最小 min 和最大 max

在某些电商网站，购物数量被设定为一个最小值；而有的则需要设置为更大的值。添加 min 和 max 属性，就可以对数据的上下限进行控制。

```
<input type="number" id="book" min="1">
<input type="number" id="course" max="6">
```

值得注意的是，不管在哪个浏览器中，min 和 max 属性不能和 required 属性同时使用。事实上，我们不能把 required 属性和数字输入框一起用。

客户端验证

编写表单验证脚本是我最不喜欢的工作之一。如果可能，我宁可花钱雇人干这个脏活儿。虽然 JavaScript 库让这样的工作轻松了一些，但我敢打赌，即使最铁杆的 JavaScript 程序员，也不喜欢去开发这些脚本。如果浏览器能处理表单验证岂不更好。这不仅让开发者更轻松，还可以让那些绕过表单里的通过 JS 验证输入是否合法的人无从下手（因单纯为使用 JS 验证输入是否合法，是可以被用户人为绕过的，比如禁止掉浏览器的 JS 功能）。要绕过 JavaScript 验证，其实只需关闭浏览器的 JavaScript 即可。好消息是，在新的 HTML 标准中，已经包括了这些看起来很简单的特性，使客户端表单验证成为轻而易举之事。

必填 required

HTML5 添加 required 属性后，将阻止表单提交，直到所有的属性都已正确输入。

```
<input type="email" required>
```

无需验证 novalidate

如果你不喜欢添加浏览器验证，简单地加一个 `novalidate` 标签就可以了。

```
<form action="search" method="get" novalidate>
```

打破传统

HTML5 把标记带入了 Web 应用的时代，而实际情况远比本书所介绍的更多。例如，可以使用很多方式脱离浏览器插件来支持播放音视频文件，甚至可以离线交互等。你能走多远，取决于你的工作和人们的需求。但有一点是很明确的，HTML 就在那里，如果我们想在互联网浪潮中保持领先，那就应该尽可能地利用这一开放的新技术。

语义化与微格式

如果你关心每个 HTML 元素和属性的制订，并且你想让它们更加语义化，那么我希望微格式 2 能使你兴奋起来。基于 HTML 模式，然后提高标记特定类型的信息的语义，比如联系人详情、事件、评论和内容，使它们可以被机器解析，同时对人类也是可读的，这是我们正在持续努力的方向。我认为 Brian Suda 对于微格式的解释是最经典的：

"微格式就是 Web 页面里所有代表语义信息的编码，这种利用信息的方式可能是厂商从来没有设想过的。"

微格式是在现有标准（在元素上添加属性来描述内容）上发展来的。所以我们唯一需要知道的，就是如何开始使用它们编写 HTML，微格式 2 也是如此。事实上，它们非常简单，和经典的微格式相比，它们只需要更少的额外 HTML 元素，因为它们本身就意味着某种特定内容。但是，究竟为什么经典微格式以及微格式 2 更是如此厉害呢？

在任何网站上查看源代码，我们都会看到大量的 id 和 class，它们被用来将 CSS 样式绑定到元素上。我希望你选择的 id 或 class 值能够附带描述内容，例如使用像 tagline 这样语义化的值，而不是使用像 bold-heading 这种描述表现的值。

即便如此，通常我们选择的值对内容和访客都没有真正的价值，这些稀奇古怪的名字和命名约定会花费我们大量的时间，并且时间一长就会变得难以维护。

当遵循微格式的模式时，我们可以很大程度上给 id 和 class 属性赋一个有具体意义的值。微格式 2 带来了更多的 class 属性，因此使用微格式 2 将有助于使你的 HTML 更精简、更合理，减少设计或布局。简而言之，就是更加犀利，我们接下来会分析对比一些最常用的经典微格式和微格式 2。

基于链接的微格式

如果你对在 HTML 文档的头部 head 引用外部链接很熟悉，那么你可以看出这是一个外链的 CSS 样式表。

```
<link rel="stylesheet" href="screen.css" media="screen">
```

这个属性定义了 HTML 文档和链接目标之间的关系，关联样式表是其中之一。我们采用类似的方法来连接 RSS 提要。

```
<link rel="alternate" type="application/rss+xml" href="articles.rss">
```

我们还可以为关联到收藏或者关联到苹果图标 apple-touch-icon 做个定义，这是专门为 iOS 设备设计的：

```
<link rel="shortcut icon" href="favicon.jpg" type="image/gif">
<link rel="shortcut icon" href="favicon.png" type="image/png">
<link rel="apple-touch-icon" href="ios.png">
```

所有基于链接的微格式，都是用这种方式来描述文档之间的关系。

内容版权

最常见的基于链接的微格式的用途之一，就是链接到版权。当使用 rel-licence 时，目的十分明确，就是链接一个许可证。

```
<a href="http://creativecommons.org/licenses/by-sa/4.0/" rel="license">
Creative Commons Attribution-ShareAlike 4.0 International License</a>
```

你可能会认为任何人都会使用微格式链接到版权，没错，毕竟微格式的原则之一就是降低使用门槛。虽然门槛很低，但是它带来的好处却是巨大的，尤其是随着谷歌在高级搜索里添加了一个使用权选项。

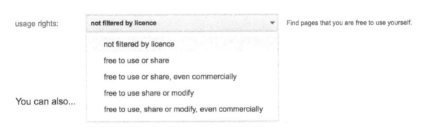

想要搜索可以自由使用，共享和修改，甚至商业化的东西？可以使用隐藏在谷歌高级搜索选项里的使用权过滤器。

那么作为工程师的我们，该如何设计 `rel-license`？也许我们想要通过添加一个小图标来让许可链接和页面上的其他链接看起来不同。我们可以为这个链接添加个 `class`：

```
<a href="http://creativecommons.org/licenses/by-sa/4.0/"
rel="license" class="license">Creative Commons Attribution-
ShareAlike 4.0 International License</a>
```

其实我们并不需要这个额外的 `class`，因为我们可以通过 CSS 属性选择器来达到同样的效果。

```
a[rel="license"] {
padding-left : 20px;
background : transparent url(cc.png) no-repeat 0 0; }
```

通过使用微格式，可以使我们的 HTML 更加犀利，而且这种方式能为我们及用户提供更多的价值。

HTML 链接关系

HTML5 引入了更多的链接关系，使我们能够定义指向到其他页面的链接的意义。这里罗列一些对我最有用的。

author	内容的作者，例如在同一个站点里，作者的介绍，或者在其他地方放置的作者联系信息
bookmark	一个完整的页面或 section 元素
next	当文档是系列中的一部分时，表示下一个文档的链接
nofollow	Google 的反垃圾评论中首次使用该属性，这个属性用于告诉搜索引擎不要追踪特定的网页链接
previous	当文档是系列中的一部分时，表示前一个文档的链接
search	专门的搜索页面或搜索界面

尽管微格式和无障碍提供了一些重叠的 HTML 链接关系，但这并不影响你使用它们，因为它们拥有更深层的语义，并且为我们提供了使用 CSS 样式的钩子。

h-card: 人物、地点和组织

当我们在网上找到一个人的联系方式，可以通过双击将它添加到地址簿，是不是很酷？你猜怎么着？如果他们使用 h-card 格式发布这些信息，我们就可以做到。仔细阅读以下这段：

"Andy Clarke（Malarkey）是一位想要成为侦探的英国 Web 设计师，他经营着一家叫 Stuff & Nonsense 的小公司，平时会写写书，并且会在一些会议上分享经验。如果你想聘请他，可以给 dropadime@hardboiledWebdesign. com 发电子邮件，或者致电 01745 851 848 找到他。"

这段描述包含了各种信息，你可以很容易地发现我的全名、小名、公司、电子邮件地址和电话号码。

除了意识到这段文字本身，我们的大脑还可以辨别出这些信息的存在。到目前为止，机器还做不到这一点。

标记语言词汇量有限，不能充分表达所有内容的含义。标题和段落、章节和文章，这些都没有问题。但是该如何描述一个人的信息呢？对于一个人或公司的联系信息的缺乏对应的元素标记，h-card 能补充这种缺失。

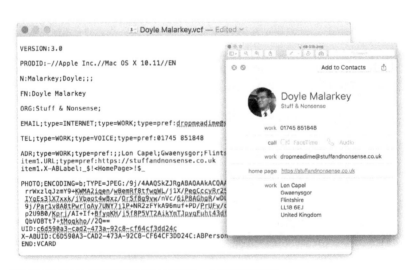

苹果公司的联系人应用程序里的名片信息有一个结构化的数据。

结构化数据标记

在 Mac 和 iOS 设备上的联系人管理应用程序中，有一个使用开放标准的电子名片，在里面可以看到熟悉的结构化信息。你可以使用文本编辑器打开电子名片查看其中的细节，包括名字（FN 格式名称）、公司（ORG）、地址（ADR）、电话（TEL）、电子邮件地址（EMAIL），还有一些其他信息（中文版与英文版有所不同）。

学习 h-card 最好的方式就是制作一张名片，你可以去使用微格式的网站看看，再对比其他大量使用 div 和 span 的网站，就会理解什么是超越平凡的硬派做法。

```
<div class="h-card">
   <span class="p-name">Andy Clarke</span>
    <a class="u-email" href="mailto:dropadime@HardboiledWebdesign.
com">
      dropadime@HardboiledWebdesign.com</a>
   <span class="p-country-name">United Kingdom</span>
   <span class="p-tel">01745 851848</span>
</div>
```

第一眼看上去，这些属性似乎有点使用过度了。但是这些属性却很重要，因为它们使内容更容易被其他应用程序提取和使用。记住这一点，然后我们来复习前面的内容。我们将从应用的顶层元素开始添加值为 h-card 的 class 属性，它使其他细节信息更有意义，因为它是这种格式的根元素。

```
<p class="h-card"><span class="p-name">Andy Clarke</span> (<span
class="p-Nickname">Malarkey</span>) is a <span class="p-job-title">
Web designer</a> and wannabe detective based in the <span
class="p-country-name">United Kingdom</span>. He runs a small
agency called <span class="p-org">Stuff & Nonsense</span>, writes
books and speaks at conferences. If you&#8217;d like to hire Andy,
you can e-mail him at <a class="u-email" href="mailto:dropadime@
HardboiledWebdesign.com">dropadime@HardboiledWebdesign.com</a> or
call him on <span class="p-tel">01745 851848</span>.</p>
```

还记得 HTML 文档的根元素是 html 吗？微格式也需要自己的根元素，来告诉应用程序这是一个微格式。对于 h-card 来说，这真的如同添加一个值为 h-card 的 class 一样简单。

名字

现在我们深入的看一下组成 h-card 的各个值，以及它们是怎么构建的。我先从构建人名的两种方法开始介绍。

一个完整的、格式化的人或者公司名称。

一个结构化的名字，包含前缀、第一个名字、中间名、姓氏和后缀。

带前缀的 class 属性

经典微格式和微格式 2 之间有一个明显的变化就是，新版本有个帮助添加样式的前缀，五个前缀如下。

h-*　根元素的标识，用来表示某个元素是微格式，如 h-card。

dt-*　把一个元素解释成日期或时间。

e-*　把 HTML 包括进一个元素。

p-*　表示一个纯文本元素，如 <span class="p-name">Andy Clarke</span>。

u-*　表示一个 URL 元素，包括电子邮件或者网站。

混乱的命名空间

像 BEM 这样的属性命名系统，用来帮助在 HTML 元素之间建立沟通。开发者 Harry Roberts 一直在寻求将这些原则进行扩展，包括用来描述属性作用的命名空间，如组件、对象、工具和主题。遗憾的是，它的 u-utility 值和微格式 2 的 URL 值冲突了。

格式化的名字

当我们要把一个人的名字呈现在名片或者办公室的门上时，我们会用到这些值，包括前缀、第一个名字、中间名、姓氏和后缀。要做到这一点，我们只需要用一个 p-name 就可以完成。

```
<span class="p-name">Nick Jefferies</span>
```

结构化的名字

当我们构造一个名字时，会把名字分成多个部分，第一个是名字 Nick，第二个是他的姓氏 Jefferies。

```
<span class="p-given-name">Nick</span>
<span class="p-family-name">Jefferies</span>
```

如果 Nick Jefferies 的名片上有一个尊称的前缀（先生、女士、长官、教授等），甚至是他的绰号（Sawbuck），我们也可以包括进来。

```
<span class="p-honorific-prefix">Mr.</span>
<span class="p-Nickname">Sawbuck</span>
```

Mr Nick（Sawbuck）Jefferies 的结构化名称里的所有单独的组件，现在看起来应该是这样的。

```
<span class="p-honorific-prefix">Mr.</span>
<span class="p-given-name">Nick</span>
<span class="p-Nickname">Sawbuck</span>
<span class="p-family-name">Jefferies</span>
```

然后我们所要做的就是把 Nick 的结构化名字放在一个最合适的 HTML 根元素里。一般情况下是列表、段落、section、article 或者 footer。哪个更合适，就把 h-card 赋值到它的 class 上就好了。

```
<div class="h-card">
   <span class="p-honorific-prefix">Mr.</span>
   <span class="p-given-name">Nick</span>
   <span class="p-Nickname">Sawbuck</span>
   <span class="p-family-name">Jefferies</span>
</div>
```

URL

现在的联系人信息里通常都包含了网址，所以当你在 h-card 里发现网址时也不应该感到惊讶。在 h-card 里添加 URL 最明显的方式是这样的。

```
<a href="http://HardboiledWebdesign.com" class="u-url">
http://HardboiledWebdesign.com</a>
```

公司

为了展示 h-card 的嵌套功能，我们虚构一个公司或者组织里的某个人。首先，我们将为一个名为 Cole Henley 的人创建一个 h-card，Cole 的名片里只包含他的名字和网址。

```
<div class="h-card">
   <a href="http://HardboiledWebdesign.com" class="p-name
u-url">Cole Henley</a>
</div>
```

现在我们将把 Cole 工作的公司嵌套进来，并用 p-org 属性来描述它。因为该公司是个独立的实体，我们给它自己添加 h-card，并嵌套在 Cole 的 h-card 里：

```
<div class="h-card">
   <a href="http://HardboiledWebdesign.com" class="p-name
u-url">Cole Henley</a>
   <span class="p-org h-card">The No. 1 Detective Agency</span>
</div>
```

当需要显示公司的标志时，我们可以在 h-card 里使用名为 u-logo 的 class 来嵌入一张图片。

在微格式 2 中隐含属性

微格式 2 比之前的版本更简单，因为它的一些属性附带了其他的的含义。例如，我们可以使用 p-name 来标记某人的完整名字，使用 u-url 来标记他们的网站地址。

```
<div class="h-card">
   <a href="http://stuffandnonsense.co.uk" class="p-name u-url">
      Andy Clarke</a>
</div>
```

然而，微格式 2 可以去除额外的元素，让整个模式更简单、代码更干净。我们可以直接在链接上使用 h-card，并删除 p-name 和 u-url，因为 h-card 里已经附带了这些属性。

```
<a  href=http://stuffandnonsense.co.uk  class="h-
card">Andy Clarke</a>
```

地址

想在信息里添加地址，我们可以在 `h-card` 里添加的值有这些：
`p-street-address`、`p-locality`、`p-region` 和 `p-postal-code`。

```
<span class="p-street-address">221b Baker Street</span>,
<span class="p-locality">London</span>,
<span class="p-postal-code">NW1 6XE</span>,
<span class="p-country-name">United Kingdom</span>
```

在这一点上，你可能会想"为什么不使用 HTML 里的 `address` 元素？"
不管你怎么理解这个元素，其实 `address` 元素应该只用来为一个特定
页面或者内容的作者标记联系信息。令人费解的是，到目前为止还没
有一个专门描述物理地址的元素。如果你怀疑我的观点，那么请看下
面这段出自 WHATWG（网页超文本应用技术工作小组）的描述。

"`address` 元素表示最近的文章或者父元素的联系信息。[…]
`address` 不能用来表示任何物理地址（如邮政地址），除非这些
地址是和实际内容相关的联系信息。"

需要多个地址？

如果有人有不止一个地址呢？除非你像我一样在家里办公，否则你会有
家庭和工作两个地址。别担心，我们可以把两个地址都包括在 `h-card`
里，并保证它们清晰可辨。我们把 `h-card` 里的 `p-street-address`、
`p-locality`、`p-region` 和 `p-postal-code` 组合到一起，来形成独立的
`h-adr` 元素。

```
<div class="h-adr">
   <span class="p-street-address">221b Baker Street</span>,
   <span class="p-locality">London</span>,
   <span class="p-postal-code">NW1 6XE</span>,
   <span class="p-country-name">United Kingdom</span>
</div>
<div class="h-adr">
   <span class="p-street-address">8-10 Broadway</span>,
   <span class="p-locality">London</span>,
   <span class="p-postal-code">SW1H 0BG</span>,
   <span class="p-country-name">United Kingdom</span>
</div>
```

电话号码

我还是喜欢通过电话交谈，可能这样已经过时了。幸运的是，在 h-card 里包含一个电话号码(两个或者三个)是小菜一碟,使用 p-tel 就可以搞定。

```
<div class="p-tel">01745 851848</div>
```

大多数人通常都有多个电话号码：家里的、办公室的，还有手机号码。我们可以使用相同的格式来添加这些电话号码。

电子邮箱

我们通过在 h-card 里使用 u-email 来添加电子邮件：

```
<a href="mailto:dropadime@HardboiledWebdesign.com"
class="u-email">Drop me a dime</a>
```

其他 h-card 属性

h-card 是一种理想的格式，可以帮助一个人或者组织创建结构化的信息。当然有些人或者公司可能不只需要名字、地址、联系方式这些信息。所以 h-card 里还包括了很多的可选项。这里罗列一些我认为最有用的：

u-photo	表示一张特定的照片，可以是一个头像
p-note	附加说明
dt-bday	生日
p-job-title	工作职级
p-role	工作岗位
p-sex	生理性别
p-gender-identity	性别认同

标记 Get Hardboiled 网站的作者页面

理解 h-card 各个属性之间细微差别的最好的方法就是使用它们。我们将为 Get Hardboiled 网站构建一系列的 h-card。每个侦探的名片使用稍微不同的属性值。

```
<div class="h-card">
<h3 class="p-org">
The No. 1 Detective Agency</h3>
<span class="p-given-name">Cole</span>
<span class="p-family-name">Henley
</span>
<span class="p-honorific-suffixes">Esq.
</span>
</div>
```

```
<div class="h-card">
<h3 class="p-name">
Shades & Staches Detective Agency</h3>
<p class="p-role">Private investigator
extraordinaire</p>
</div>
```

```
<h3 class="h-card">
Command F Detective Services</h3>
```

```
<div class="h-card">
<h3 class="p-name">The Fat Man</h3>
<p class="p-role">Private Investigator</p>
<p>$50 a day plus expenses.
By appointment only</p>
<p>Dial: M for Murder</p>
</div>
```

```
<div class="h-card">
<h3 class="p-name">Nick Jefferies</h3>
<p><span class="p-job-title">
Private Eye</span>,
<span class="p-postal-code">WA6-0089
</span></p>
</div>
```

```
<div class="h-card">
<h3 class="p-name">
Elementary, My Dear Watson</h3>
<p class="p-role">Private Investigator</p>
<p>Don't call us, we'll find you</p>
</div>
```

使用 h-event 发布事件

回想一下你每天在网上看到的一些事件信息，你会发现一些关于会议、体育赛事、音乐会或者电影里的细节。事件信息有时出现在组织中，有时出现在自然语言中。例如，我可能会在我的博客中写道，"今年 11 月份，我在曼彻斯特的艾伯特大厅看了 Kacey Musgraves 的演唱会"。

你不必去网上找一些很难找的事件信息，网站与网站之间使用 HTML 来标记事件信息的差别很大。这是 Kacey Musgraves 演唱会在 Ticketmaster 上的标记：

```
<tr>
   <td class="event">
      <div class="summary"> </div>
      <div class="ratingContainer" title="4.8 out of 5 stars"></div>
   </td>
   <td class="location">Albert Hall Manchester, GB</td>
   <td class="date">Mon 16/11/15 19:00</td>
</tr>
```

Seetickets 使用不同的 HTML 发布了相同的事件：

```
<div class="browse-width result-text">
   <h3>Kacey Musgraves</a></h3>
   <p>Albert Hall, Manchester</p>
   <p>at 7:00 PM</p>
</div>
```

人们可以很容易理解它包含一个事件，但是这种 HTML 没法帮助机器去理解。这使得微格式成了完美的解决方案。

一个日历事件很可能包含：

- 名称或摘要

- 描述

- 地点

- 开始和结束的时间

- URL 链接指向事件页面或者网站

- 场地的联系信息

我们将构建一个单独的事件，用 h-event 属性值来指定根元素，然后在一个元素上使用 p-name，甚至是 u-url 来表示，以保证我们的事件足够简单。

```
<div class="h-event">The Maltese Falcon</div>
```

我们需要更多有用的信息来展示《The Maltese Falcon》，然而，我们通过在 article 嵌入一个使用 p-name 属性值的主标题来区分开：

```
<article class="h-event">
   <h1 class="p-name">The Maltese Falcon</h1>
</article>
```

摘要

接下来，我们在一个适当的 HTML 元素上使用属性值 p-summary，来添加一个简短的摘要，这里我们使用了一个段落：

```
<article class="h-event">
   <h1 class="p-name">The Maltese Falcon</h1>
   <p class="p-summary">A special showing of the remastered
mystery that kicked off the film noir genre of the 1940s…</p>
</article>
```

如果我们的摘要包含多个段落，那么我们可以把标题、段落、列表或者任何其他元素放到一个 section 中划分出来做摘要。而不要在一个 h-event 里包含多个段落的摘要，否则，这将是一个无效的事件。

位置

让人们知道事件在哪发生，只需要在一个元素上应用属性值 p-location，在这个例子里，场馆名字用 span 包起来：

```
<p>Showing at <span class="p-location">
The Scala Cinema and Art Centre</span></p>
```

我们应该需要提供更多关于地点的信息，比如地址，我们应该为场地创建一个 h-adr 元素，并把它嵌入到 h-event 里面。h-adr 里包含相同的地址，这跟我们使用 h-card 时一样。

```
<div class="p-location h-adr">
<span class="p-street-address">47 High Street</span>
<span class="p-locality">Prestatyn</span>
<span class="p-region">Denbighshire</span>
<span class="p-country-name">Wales</span>
</div>
```

URL

如果这个事件中有个网站，那么我们将会使用和构建 h-card 时一样的 u-url 属性值：

```
<a href="http://scalaPrestatyn.co.uk" class="u-url">The Scala
Cinema Website</a>
```

开始日期和持续时间

我们构建的 h-event 微格式几乎要完整了，但是还缺少了开始日期和到场时间。首先，我们使用 time 元素，并为它添加属性值 datetime 来标记开始时间：

```
<time datetime="2015-11-20 T19:30">Nov. 20th, 2015 at 7:30pm</
time>
```

显而易见，这是一个开始日期，我们还需要给 time 元素添加一个 dt-start 属性值：

```
<time datetime="2015-11-20 T19:30" class="dt-start">
November 20th, 2015 at 7:30pm</time>
```

这个事件是从傍晚持续到晚上 10 点。所以我们可以把这个时间也添加到我们的 datetime 属性里：

```
<time datetime="2015-11-20 T19:30 P 150M" class="dt-start">
November 20th, 2015 at 7:30pm</time>
```

混合事件和联系人

微格式按模块化、可嵌入来设计的，因此我们可以很容易把一个人的 h-card 嵌入到一个 h-event 里。

还记得之前我们为《The Maltese Falcon》标记位置信息吗？我们为场馆名添加了属性值 p-location：

```
<p>Showing at <span class="p-location">
The Scala Cinema and Art Centre</span></p>
```

现在需要为事件添加更精确的位置信息，所以我们要创建一个 h-card，嵌入到我们的 h-event 里。

```
<div class="p-location h-card">
    <span class="p-name">The Scala Cinema and Art Centre</span>
```

```
    <span class="p-street-address">47 High Street</span>
    <span class="p-locality">Prestatyn</span>
    <span class="p-region">Denbighshire</span>
    <span class="p-country-name">Wales</span>
</div>
```

使用 h-review 发表评论

到目前为止，我希望你很享受之前所读到的内容，并且写一篇热情洋溢的评论，因为接下来我们将会讲到 h-review。

不论是谈话还是阅读，人们经常会表达自己的意见或者看法。我们的大脑随时都会产生评论：

上周我租了一盘 DVD，1994 年的由 Humphrey Bogart 饰演 Sam Spade 的《The Maltese Falcon》，它仍然是我最喜欢的电影，给它一个赞"

"电影：《The Maltese Falcon》：评分：10/10"

"我对《Who Framed Roger Rabbit》预期很低，但我还是给了 5 颗星"

电脑不能识别语言的细微差别，对它来说，这些评论信息只不过是一串字符。它是建立在我们学习过的微格式 h-card 和 h-event 之上，通过 h-review 提供的内容识别模式来解析这些内容的。

和我们学过的其他微格式一样，h-review 也是用根元素来包含其他元素。它的根元素属性值是 h-review，我们可以把它应用到任何恰当的 HTML 元素上，下面的例子我们用到了 article 元素上：

```
<article class="h-review">
<h1>The best detective film ever made</h1>
</article>
```

编写一个 h-review 用不了多少时间，因为 h-review 复用了一些值，这些值你在学习 h-card 和 h-event 时已经学过了。首先，像其他微格式一样，我们用 p-name 来命名评论，但值得注意的是，我们的 h-review 里的评论项的名字不一定非要一样。

```
<article class="h-review">
    <h1 class="p-name">The best detective film ever made</h1>
</article>
```

现在我们开始定义我们评论的项目，p-item 元素里的内容不一定是企业、人物、地方或者产品，我们可以创新，只要是和项目相关的其他信息。

```
<p class="p-item">Who Framed Roger Rabbit, starring the late Bob
Hoskins as private investigator Eddie Valiant.</p>
```

关于这个项目，我们需要更详细的信息，这无关评论。当评论一个人的时候，我们可以嵌入 h-card，描述一个企业或者场地的位置时使用 h-adr，产品评论使用 h-product，其他类型的项目使用 h-item 来表示。这是一个特定项目的微格式结构信息。当我们正在评论一部电影，而不是一个业务或者产品，我们会选择 h-item，并把它添加到我们的 p-item 元素上。

```
<p class="p-item h-item">Who Framed Roger Rabbit, starring the
late Bob Hoskins as private investigator Eddie Valiant.</p>
```

如果没有意见，一条评论是不会有多大用处的，因此我们将使用 e-description。如果评论很简短，那么把这个属性值添加到列表或者是其他元素上，这个例子中，我们使用了段落：

```
<p class="e-description">How much do I know about show business?
Only that there is no business like it, no business I know.</p>
```

如果描述包含多个段落或者包含其他 HTML 元素，那么应该用一个元素把它们包起来，再把 e-description 赋值给这个包裹元素。如果我们的评论是我说的这种情况，那么使用最适当的方法是使用一个引用：

```
<blockquote class="e-description">
<p>How much do I know about show business? Only that there is no
business like it, no business I know.</p>
<p>A Classic film has to work on several different levels and animated
action movie Who Framed Roger Rabbit scores on all of them.
It's a fantastic children's film with characters like Roger, the
Weasels and Benny the Cab for them to enjoy. It also plays perfectly
as a detective story for adults. And who will ever forget
Jessica Rabbit?</p>
</blockquote>
```

URL

你应该能猜到我们如何在评论里包含一个 URL，之前在 h-card 和 h-event 里已经看到过了。就是 u-url 属性值：

```
<a href="HardboiledWebdesign.com"class="u-url">Canonical
Permalink</a>
```

添加评分

星评级是一个用来表明肯定或否定的非常流行的评论方式。它帮助人们一眼就能看出来一个项目是好是坏。在很多评论和购物网站，我们都能看到它们。我们将按照惯例，用星星来创建一个从 0（最坏）到 5（最好）的评级范围。

用五颗星来评价《Who Framed Roger Rabbit》，我们将使用 HTML5 的 data 元素。如果你之前还没有用过 data 元素，那么很简单，data 是处理人类可读的、可见的元素部分。在我们的星星评级的例子中，使用了能提供同样信息的 value 属性，这是一种机器可读的形式：

```
<data class="p-rating" value="5"> ★ ★ ★ ★ ★ </data>
```

如果我们们需要更具体的，而不是一个平均的评价等级，那么我么可以分别使用 p-best 和 p-worst 来表示：

```
<data class="p-best" value="5"> ★ ★ ★ ★ ★ </data>
<data class="p-worst" value="0"></data>
```

评论日期

当然，我们还应该加上一个日期，这将帮助人们判断我们的评价。这对于酒店和餐馆尤为重要。我们将简单的复用 h-event 中的 time 元素，并为它加上 datetime 属性，然后再为它加上 dt-reviewed 的 class 名：

```
<time datetime="2015-11-20 T19:30" class="dt-reviewed">
November 20th, 2015 at 7:30pm</time>
```

混合评论和联系人

因为没必要知道是谁写的评论，所以 h-review 并没要求我们包含一个名字。但我们可以选择添加一个。因为一个人的身份可以大大提高一个评论的可信度。只要我们想要，就可以使用 h-card 来包裹很多信息。但在这里，我们只使用 p-reviewer 和 h-card 来添加评论者的名字：

```
<a class="p-reviewer h-card"
href="http://stuffandnonsense.co.uk">Andy Clarke</a>
```

在新闻文章、博客和播客里使用 h-entry

接下来，你将了解 h-entry，它是为出版联合内容，如新闻、博客和播客而设计的微格式。h-entry 表示单个条目，我们可以和其他条目组合使用，我们来写一个 h-entry 博客。

微格式社区建议，我们应该用 "最精确语义的 HTML 构建块对象等"。

这是我们最初的 HTML，开始用一个标题，后面跟一个段落：

```
<h1>The Maltese Falcon</h1>
<p>The film stars Humphrey Bogart as private investigator Sam
Spade and Mary Astor as his femme fatale client.</p>
```

现在我们知道如何像这样单独的使用 article 元素，我们将在那篇文章里组合使用这些元素：

```
<article>
    <h1>The Maltese Falcon</h1>
    <p>The film stars Humphrey Bogart as private investigator Sam
Spade and Mary Astor as his femme fatale client.</p>
</article>
```

把一篇文章转换成 h-entry，我们将在每个单独条目的根元素上添加 h-entry 属性值：

```
<article class="h-entry">
    <h1>The Maltese Falcon</h1>
    <p>The film stars Humphrey Bogart as private investigator Sam
Spade and Mary Astor as his femme fatale client.</p>
</article>
```

h-entry 里包括文章、博客和播客的标题在内的一些属性是隐藏的，但是每个属性是可选的，像发布日期和作者姓名之类的最好是在每个条目里显式的添加，这些属性你应该已经比较熟悉。我们先为主标题标记 p-name 属性：

```
<h1 class="p-name">The Maltese Falcon</h1>
```

这里需要说清一点，日期或者时间指的是一篇文章的发布日期，我们用 h-entry 的 dt-pulished 属性值：

```
<time datetime="2015-11-20 T19:30" class="dt-published">
November 20th, 2015 at 7:30pm</time>
```

如果 h-entry 的发布日期出现更新，我们应该把 dt-published 值更改为 dt-updated:

```
<time datetime="2015-11-20 T21:30" class="dt-updated">
November 20th, 2015 at 9:30pm</time>
```

最后我们添加一个作者到 h-entry 里，你应该已经很熟悉 h-card，这里我们将结合使用 h-card 里的 p-author 属性值。

```
<address class="h-card p-author">
<a href="http://stuffandnonsense.co.uk">Andy Clarke</a>
</address>
```

不需要使用 p-name 或者 u-url 属性值，h-card 里都隐含了这些。

但是，这里为什会用 address 元素？

前面表述过，address 元素并不用来描述物理地址，但用来描述作者的联系信息绝对是恰当的。因为我们添加了一个指向作者网站的链接，所以我们需要用 HTML 链接来表达那个网站和作者的关系：

```
<address class="h-card p-author">
<a  href="http://stuffandnonsense.co.uk"  rel="author">Andy
Clarke</a>
</address>
```

有些作者往往喜欢把博客分割成多页，比如，我们会主页或者存档里使用摘要，然后在文章详细页展示完整的内容。h-entry 可以使用 p-summary 定义一个小段落当做文章的摘要：

我们的例子里，我们使用第一段：

```
<p class="p-summary">The  film  stars  Humphrey  Bogart  as  private
investigator
Sam Spade and Mary Astor as his femme fatale client.</p>
```

用一个属性值为 p-summary 的 section 父元素将几个元素组合包裹起来，这样就形成了一个长摘要：

```
<section class="p-summary">
    <p>The film stars Humphrey Bogart as private investigator Sam
    Spade and Mary Astor as his femme fatale client.</p>
    <p>The story follows a San Francisco private detective and his
    dealings with three unscrupulous adventurers, all of whom are
    competing to obtain a jewel-encrusted falcon statuette.</p>
</section>
```

p-summary 里包含一个永久的全文链接，并出现在多个页面时，就很重要了。需要用 rel 属性，并赋值为 bookmark，来明确 p-summary

的链接指向：

```
<a href="http://HardboiledWebdesign.com" rel="bookmark">
Permalink</a>
```

现在人们通常在几个渠道发布自己的内容。例如，你可能会在自己的博客上发布一条。也可能在其他媒介上发布，用来获得更多的受众。如果你添加了一个指向其它地方的入口链接，那么使用 u-syndication 来标识那个链接为联合内容就尤为重要：

```
<a href="http://medium.com" class="u-syndication">
Also published on Medium</a>
```

管理多个 h-entry

到目前位置，我们已经可以让单个 h-entry 工作起来。但是很多网站首页或者存档页有相关文章列表。这些条目的组合做称作 h-feed。我们需要一个合适的父元素来组合一个 feed，这里我们使用了 section 元素。结合上下文的意思，我们会给它一个描述性的标题：

```
<section class="h-feed">
    <h1>Hardboiled archives</h1>
    <article class="h-entry"> […] </article>
    <article class="h-entry"> […] </article>
    <article class="h-entry"> […] </article>
</section>
```

打破传统

微格式增强了 HTML 的语义，并补充了一些迫切需要的结构。对于 Web 设计人员和开发人员来说，微格式给我们提供了摆脱过去编写 HTML 那种表象的方式，并使我们的页面更灵活，适应性更强，也更硬派。

第9章 构建无障碍应用

现在，你已经学会了如何使用 HTML 元素和微格式为 Web 应用程序添加标记，但你可能没有听说过，还有一个与它们目标不同但互相补充的规范。它就是 WAI-ARIA——无障碍网页应用技术。

WAI-ARIA 的目的，是让网页内容对残障人士更友好，它包括以下内容。

- 导航菜单、滑块和进度条等小组件。

- 定义网页动态更新区块的属性。

- 启用键盘导航的方法。

- 描述页面的结构的角色，包括标题、区域和表格（网格）。

这一切听起来很棒。除了为依靠辅助技术的用户提供有价值的帮助之外，Web 设计师和开发人员还可以使用 WAI-ARIA 技术，来减少我们对表现型的 id 和 class 属性的依赖。那么，当我们能用 CSS 属性选择器来给 WAI-ARIA 元素绑定样式的时候，为什么还要仅仅为了样式为 HTML 元素添加 class 名呢？

WAI-ARIA 特性简介

WAI-ARIA 包括一组导航特性，帮助残障人士识别网页和 Web 应用程序的公共区域，并使用辅助技术为他们导航。这些特性可以结合 HTML 元素使用，从而最大限度地发挥其语义。

我们将介绍几个具体的 WAI-ARIA 特性，它们可以依赖很少的 class 和 id 来包装 HTML，从而让 HTML 和 CSS 更加炫酷。这些 WAI-ARIA 特性包括 banner、complementary、contentinfo、main、navigation 和 search。要使用 WAI-ARIA 的特性，只需要在任何适当的元素上添加 role 属性。例如，当我们想在某个区域展示品牌或横幅广告，应用 banner 特性即可。

banner 特性

在 HTML 中，header 元素可以用于展示品牌或横幅广告，它通常出现在页面的顶部。WAI-ARIA 的 banner 特性可以帮助使用辅助技术的用户辨识出这个特殊的 header 区域，以和页面中的其他区域区分。

```
<header role="banner">
<h1>It's Hardboiled</h1>
</header>
```

需要区分的是，普通 header 元素可以根据需要在 section 和 article 元素中使用多次，而带有值为 banner 的 role 属性的 header 元素只能使用一次。

complementary 特性

WAI-ARIA 的 complementary 特性在功能上与 HTML 的 aside 元素类似。虽然它不必包含任何内容，或者直观地链接到该内容区域，但它是用来描述与页面相关的内容，并对其他内容提供支持。例如，假设我们写一篇关于侦探小说作家 Mickey Spillane 的文章，我们可以在有关他的名著《My Gun Is Quick》的 aside 元素上应用 complementary 特性。

```
<aside role="complementary">
    <h2>My Gun Is Quick</h2>
    <p>Mickey Spillane's second novel featuring private
    investigator Mike Hammer.</p>
</aside>
```

contentinfo 特性

WAI-ARIA 将 contentinfo 特性定义为"包含有关父文档信息的可感知区域"，是不是听起来很像 HTML 的 footer 元素？ 我也这么认为。让我们为主页面的 footer 元素添加 contentinfo 特性，继续构建 Get Hardboiled 网站的存档页。

```
<footer role="contentinfo">
    <h3>It's Hardboiled</h3>
    <p>Hardboiled Web Design, designed by Andy Clarke.</p>
</footer>
```

正如 banner 特性一样，与 HTML 中的普通 footer 元素不同，我们只能在页面中使用一次带有 contentinfo 属性的 footer 元素。

main 特性

跳转到内容的链接是最常用的网络无障碍技术之一，旨在帮助依靠辅助技术的人跳过啰嗦的导航区域。WAI-ARIA 的 `main` 特性的主要作用是消除对跳转链接的需求，因为它可以帮助依赖辅助技术的用户直接导航至某个页面的主要内容区域。

在哪里添加 `main` 特性完全取决于内容，在我们正在构建的 Get Hardboiled 网站存档页上，我们可以选择将它添加到包含最新、最重要的新闻的 `section` 元素上。

```
<section id="content__uk"> […] </section>
<section id="content__usa" role="main"> […] </section>
<section id="content__world"> […] </section>
```

如果开发一个只包含单一主题的页面，我们应该把 `main` 属性添加 `article` 元素上。

```
<article role="main">
   <header>
      <h1>Mickey Spillane</h1>
   </header>
   <p>Frank Morrison Spillane, better known as Mickey Spillane,
was an author of crime novels, many featuring his detective character
Mike Hammer. More than 225 million copies of his books have
been sold internationally, including my personal favourite, 'My
Gun Is Quick'.</p>
</article>
```

navigation 特性

WAI-ARIA 的 `navigation` 特性在功能上类似 HTML 中的 `nav` 元素，它的作用是用来描述页面或 Web 应用程序中的主要导航模块。尽管 `navigation` 和 `nav` 元素的目的都是提供尽可能广泛的支持，但我们还是要使用 `navigation` 特性。

```
<nav role="navigation">
   <ul>
      <li><a href="about.html">What's Hardboiled?</a></li>
      <li><a href="archives.html">Archives</a></li>
      <li><a href="authors.html">Authors</a></li>
      <li><a href="Classics.html">Classics</a></li>
   </ul>
</nav>
```

search 特性

在许多网站上，搜索是人们定位内容的主要方式。因此在 HTML

中，在 nav 元素中嵌入搜索框是完全可以接受的做法，但对于添加了
navigation 属性的 nav 元素就不是这样了。

WAI-ARIA 的 search 特性描述了一个完整的搜索界面——包括标签、
输入框、按钮和其他 HTML 元素。过去，当我们想给搜索表单元素设
置样式的时候，我们会给它一个唯一的 id 或者一个 class 属性。现在，
我们可以不再添加表现型的属性，而是使用 WAI-ARIA 的 search 特
性和 CSS 属性选择器来代替。

```
<form method="post" action="search.html" role="search">
    <fieldset>
        <input type="search" title="Search this site">
        <button type="submit">Go</button>
    </fieldset>
</form>
```

打破传统

可访问性不仅对那些依靠屏幕阅读器和其他辅助技术的用户很重要，
对我们工作的完整性而言也同样重要。WAI-ARIA 的特性只是我们提高
网页可访问性的途径之一。

不仅如此。像微格式一样，HTML 中的 WAI-ARIA 特性使我们能够
减少对表现型元素和属性的依赖，把网页中的标记从单一的设计中解
放出来。用 WAI-ARIA 特性来代替仅仅提供样式辅助的属性，并结合
CSS 样式，会使文档变得更加灵活，网页和应用在不同浏览器和设备
中也可以获得更好的渲染。

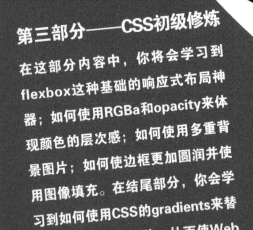

第三部分——CSS初级修炼

在这部分内容中，你将会学习到flexbox这种基础的响应式布局神器；如何使用RGBa和opacity来体现颜色的层次感；如何使用多重背景图片；如何使边框更加圆润并使用图像填充。在结尾部分，你会学习到如何使用CSS的gradients来替换页面里大量的图片，从而使Web设计更加轻盈，更具响应性。

在这一部分，我将会演示给你使用CSS的媒体查询，它让你的设计看上去惊艳无比。

CSS基础

现在回顾过往，都会觉得有些不可思议，在本书第 1 版中，我将介绍 CSS 媒体查询的章节作为全书的结尾，而在那本书中就再无提及 CSS 媒体查询。而配合那本书来展示媒体查询效果的示例网站，居然都只是一些著名设计师或工程师的个人网站，鲜有商业网站的成熟案例，因为在那个时期，设计师和开发者们还没法征服响应式设计中的诸多挑战。

本书上一版的结尾章节，如今变成了新版书中的一个专门章节。因为在今天的 Web 工业中，我们的所想和所做和过去真的很不同了。如果不去拥抱本章中所介绍的这些工具和技术的话，我们将很难实现超越平凡的设计。

CSS 媒体查询

CSS2 中为我们介绍了媒体类型这个属性，它可以让我们具备指定不同样式表的能力，甚至可以为不同的设备指定不同的 CSS 样式表。下面的代码示例中，`screen.css` 只会在设备屏幕中起作用，而 `print.css` 样式表只会在打印机中起作用。

区别设置屏幕以及打印机的替代样式很简单，只需要加一个 `media` 属性即可。

```
<link rel="stylesheet" media="screen" href="screen.css">
<link rel="stylesheet" media="print" href="print.css">
```

CSS3 的媒体查询，让我们可以更加精准地定义在哪种情况下应用哪种样式。它通过查询表中的设备特征，来实现对不同设备的区别。

aspect-ratio	color	device-aspect-ratio	device-height
device-width	height	monochrome	max-width
max-height	orientation	resolution	width

一个媒体查询包含了一个媒体类型（比如是屏幕设备还是打印机），以

及一个设备或者屏幕属性（比如像屏幕尺寸、形状或者其他特征）。这个包含了两个或者更多查询的组合体，使我们能够在匹配到这些查询时候，让对应的样式声明生效。

链接媒体查询

应用媒体查询有两种办法：第一种是在外联的样式表上指定特定的查询条件，比如指定大中小屏。我们将在 link 元素中增加查询条件，指定了一些样式规则只在最小宽度为 48rem 的屏幕设备中显示。

利用这种方法，可以在第一个样式表中，给所有浏览器提供一个普适的样式，然后在紧接着的样式表上通过媒体查询，指定不同的展示样式。

```
<link rel="stylesheet" media="screen and (min-width: 48rem)"
href="medium.css">
<link rel="stylesheet" media="screen and (min-width: 64rem)"
href="large.css">
```

这个方法初看起来似乎在区分不同媒体查询的时候非常有效，但是当心，浏览器会下载每一个外联的样式表，无论这些样式在当前设备中是否有效，这将会大大降低网站或者 APP 的性能。

嵌入式查询

我们也可以在 CSS 规则中，使用 @media 插入一些额外的样式表，来实现媒体查询。这样的方式虽然增大了单个的样式表体积，但是同时却减少了请求数，这对于 Web 性能具有促进意义。在下面的例子中，我们将使用 display:flex 和 flex-direction:row-reverse，来使 figure 元素的说明文字在宽度大于 48rem 的时候居于顶部。

```
@media (min-width: 48rem) {
.figure--horizontal-reverse {
display : flex;
flex-direction : row-reverse; }
}
```

Drinking at a seedy bar on a rainy night, Hammer notices a man
come in with an infant. The man, named Decker, cries as he kisses
the infant, then walks out in the rain and is shot dead. Hammer
shoots the assailant as he searches Decker's body.

除了改变页面布局，我们也可以使用媒体查询，在不同的响应断点处为某些页面元素做增强处理。

在媒体查询中，我们可以给宽度和高度来设置任意的最大或最小值，能够使用很多 CSS 中的单位，如 px、em 和 rem。但是问题来了，我们该如何设置断点，以便判断何时加入新的样式呢？

从最普通的样式开始

理智告诉我们，不应该去写那些不常用的样式，这一点对于网站或者 APP 的性能优化来说十分重要。但是在实际中，我们常常会看到穿插在不同的样式表或者媒体查询中重复多次的 CSS 声明。所以，我们在开发时应该使用递进式的布局样式，从最小的兼容布局开始。

我们要确保书写的样式在不同的响应式界面下保持相同的风格和基调。毫无疑问，我们会改变字号或者行高，但是像字体无论是在最大的屏幕还是在最小的屏幕上，都应该是几乎一致的。按钮的内边距和表单的元素样式，也许会在响应式设计时发生一些变化，但是它们的基本样式将保持完全相同。

在响应式设计中，内容处理方法之一，也是小屏幕样式处理的基础法则，即在布局样式书写之前，先把颜色、字体、元素素材等样式书写出来。

在向页面中添加第一个媒体查询之前，应该首先从我们的设计风格中提炼和组织样式。每个人组织样式表的方式都不同，我个人会将以下六类元素归类。

- Rest 或 normalise
- 全站页面公共样式
- 字体
- 表单元素
- 表格
- 图像

这样组织样式表，可以让样式声明更加简单，同时也让元素在触发响应式断点时，能够更加符合设计要求。与此同时，我们可能会在稍后针对响应式的断点，做无数的调整和改变。这种小屏优先的策略，意味着我们只创建必需的核心样式，以及更加简单和可维护的样式表。

选择响应断点

当设计师与工程师们在第一次处理响应式设计时，一个最常见的情况，就是要一起找出特定设备的精确断点宽度。首先考虑的是大部分型号的 iPhone，然后是 iPad，最后是其他更小的设备。

我们万万不可被老板或者客户带到沟里，比如他们要求你为网站或者 APP 开发一个"iPhone 或者 iPad 版本"。随着设备和屏幕尺寸的几何级增长，这种方法是十分不可取的，也非常低效。

定义响应式断点通常是为了适应内容，而不是适应设备尺寸，这个概念越来越被普遍接受。事实上，用这样的原则去选择响应断点并不总是简单的，它要求我们在实施设计方案的时候，要用不同的方式切入。但是最终，通过这样的努力，它会让我们的设计更加具有适应性。

让我们来看下面这个例子，它将要使用 CSS 的多列布局属性，来为 div 做分栏布局。你将能很快从本例中学会如何实现它。

如果我们使用只兼容特定设备的方法，也许会根据设备的宽度来决定设置几栏，例如，iPhone 6s 在横屏状态下：

```
@media only screen
and (max-device-width : 41.6875rem) {
section {
column-count : 2; }
}
```

对比这种不正确的方式，我们更应该依据自己的排版知识，通过衡量内容的可读性来设置分栏。如果每一行的字符太少，阅读体验会很弱；反之阅读起来会有困难。

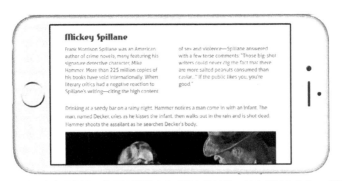

当我们在部署样式，为页面设置响应式断点的时候，其实并没有什么一成不变的捷径，我们要考虑的是如何让内容更具有意义。

基于对字号的认识，我们能够计算出一行文字大概有多少个字母或者中文字符，然后据此添加相应的分栏，完成一个提升阅读体验的布局。

```
@media only screen
and (min-width: 48rem) {
section {
column-count : 2; }
}

@media only screen
and (min-width: 76.250rem) {
section {
column-count : 3; }
}
```

我把过往基于设备类型的断点方式，改变成基于内容的媒体查询，它们之间的差异大得超乎了我的想象。仔细思考了我过往的所有设计，除了内容本身，还有很多持续多年的旧做法，也因为这种改变而被我扔进了垃圾桶。这也驱动我去使用一种过渡的方法，一种包括了大体的、主要的兼容范围，又能兼顾基本内容展示和调整的断点方式。

过渡断点方式

Brad Frost 曾写道：

"每当你看到使用 320px、480px、768px、1024px 作为断点值，就会看到小猫脑袋被天使咬掉之类的情况。"

我不是猫奴，也非常确定世界上没有天使，但是我非常赞同 Brad Frost 的观点。我们不应该使用具体的像素值来作为响应式断点的单位。而一种不错的选择，是使用一定宽度范围内的组合，来实现基于内容的媒体查询。事实上，这是我现在每天都在用的方法。

大屏智能手机和小尺寸平板电脑之间的区分越来越模糊，同样的事也发生在大屏平板电脑和小尺寸 PC 电脑上。现在在 iPhone 6s 上的横屏设计，与 iPad mini 上的展示几乎无异。

现如今有如此多的设备类型和屏幕尺寸，企图为所有的设备部署样式是非常愚蠢的，取而代之的是，我们应该让设计尽可能与大小无关。

代替基于屏幕尺寸的像素单位，我更推荐大家使用 em 或者 rem 单位，来实现更加灵活的媒体查询。这些单位都是基于文字尺寸来计算的，布局会借此与内容展示尺寸关联，从而实现更加合理的响应式断点。当用户使用浏览器缩放功能时，采用 em 或 rem 单位布局的页面，会做出相应的调整，用户会看到页面版式和内容随着缩放动作而做出变化。

我们可以把最值得注意的几个屏幕尺寸样式编成一组放在一起，特别是它们的布局，是可以变化的。以下这组主要屏幕的响应式断点，是从我们工作室的开发工具包中提取的。

```
/* 768px/16px (base font size) = 48rem */
@media (min-width: 48rem) {
[…]
}


/* 1024px/16px (base font size) = 64em */
@media (min-width: 64em) {
[…]
}


/* 1220px/16px (base font size) = 76.25em */
@media (min-width: 76.25em) {
[…]
}
```

```
/* 1400px/16px (base font size) = 87.5em */
@media (min-width: 87.5em) {
[…]
}
```

当屏幕宽度增加时，这些断点里的样式就会接力生效。

确定主要和可调节的响应式断点

即使我们遵从基于内容的方法选择响应式断点，依然会在实际工作中，碰到在一些主要断点处，出现较大样式调整的情况。使用 flexbox 布局时，我们也许会把导航从页脚调整到页头；我们也许在屏幕宽度允许的情况下，给页面增加一个侧栏；又或者会把内容的分栏从两列调整成三列。但是，不是每一个调整都会在主要断点处得到体现。

也许我们喜欢把一个无序列表拆成两列展开，以便最大化地利用空间；也许我们需要把一组按钮的间距做下调整，以防止排成一行的按钮变成两行；有时，我们需要调整元素的样式，让它们看起来，与我们早前选择的主要断点样式有很大改变。这其实都不是问题，关注细节本就是响应式设计的精髓所在。

元素的排列和布局在大的断点触发时，发生了较大变化，但是在少数断点的细微处的细节处理，让一个平庸的设计变得非常独特。

直到屏幕宽度达到 48rem 时，才会触发我们的第一个主要断点样式，即使这样，也要在这个条件成立前，保证我们设置的按钮组展示没问题。

```
/* Minor breakpoint */
@media (min-width: 30rem) {
.btn {
padding : 1rem 1rem .75rem; }
}

/* Major breakpoint */
@media (min-width: 48rem) {
.btn {
padding : 1.25rem 1.25rem 1rem; }
}
```

Jeremy Keith 有一个描述这些枯燥的技术名词的诀窍，他把这些少数断点，称为微调点。

"把它们叫做断点非常古怪，布局并没有被它们打断。这些媒体查询语句，只不过是稍稍调整了布局。它们不是断点，而是微调点。"

除了像黑莓手机这种正方形屏幕设备外，大部分我知道的智能手机或者平板电脑，都具备两个方向：竖屏方向，即屏幕的高度大于宽度；横屏方向，与竖屏相反。

方向查询

在努力保证屏幕独立性的同时，我们也许会遇到这样的场景，针对屏幕的方向来书写样式，而不仅仅是依赖视窗宽度。

在上面这个例子中，在用户竖屏使用手机的时候，我们会将一个 figure 元素的说明文字置于图片上方。

```
@media (orientation:portrait) {
.figure {
display : flex;
flex-direction : row-reverse; }
}
```

现在，当用户变为横屏使用的时候，我们需要为其准备一个展示样式。我们会改变 figure 元素的布局，图片置于左侧，而图释文字使用更小

号的 `figcaption` 置于右侧。

Mike Hammer wakes up being questioned by the police in the same hotel room as the body of an old friend from
friend, Chester Wheeler, has apparently committed suicide with Hammer's own gun after they had been drinking

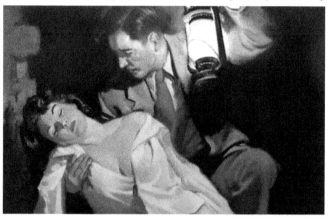

谁说图注必须在图片的下方，一个意想不到的变化，会为用户带去惊喜，所以勇于创新吧。

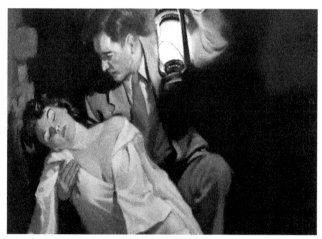

Mike Hammer wakes up
being questioned by
the police in the same
hotel room as the body
of an old friend from
World War II. His friend,
Chester Wheeler, has
apparently committed
suicide with Hammer's
own gun after they had
been drinking all night.

最大化地利用空间，对于小屏幕来说非常重要，而媒体查询也成为横竖屏 Web 设计的神器之一。

为了让这个 `figure` 元素的设计更加整齐，我们将会设置图片和图释，在它的底部垂直对齐。

```
@media (orientation:landscape) {
.figure {
display : flex;
align-items : flex-end; }
img {
flex : 2 0 360px; }
```

```
figcaption {
flex : 1; }
}
```

不管用户使用小屏智能手机，还是使用中号屏幕的平板电脑，这个图片元素的布局，都会在横竖屏切换时做出相应的变化。

基于宽高比的媒体查询

一个项目是否有可能基于屏幕的宽高比来让元素样式响应呢？有两个属性可以帮到我们：`aspect-ratio` 和 `device-aspect-ratio`。

`aspect-ratio` 是和浏览器的窗口宽高比密切相关的，样式只有在达到设定的宽高数时才会触发。如果用户拖拽浏览器窗口，改变了宽高比，这些样式将不会有任何变化。`device-aspect-ratio` 指设备本身的宽高比。

宽高比是由两个被冒号分割的数字来表示，最常见的是 4：3 和 16：9，第一个数字表示水平方向的值，第二个表示垂直方向的值。在 CSS 里，这两个数字改为用斜线来分割。

在下例中，我们将会把侦探小说著作列表做一下变化，以便于让这个列表来适应 4：3 比例的屏幕。

```
@media (device-aspect-ratio: 4/3) {
[…]
}
```

在 iPad 的 4：3 比例屏幕下采用较大的展示形式，在 iPhone 的 16：9 比例屏幕下采用较小的展示形式。

然后是对 16 : 9 比例的设置。

```
@media (device-aspect-ratio: 16/9) {
[…]
}
```

虽然在大部分项目中，宽高比都不太可能被用到，但是当你的设计需要适应不同的尺寸和类型的屏幕来做细节调整的时候，却它能发挥很大的作用。毕竟，这是响应式设计的精华之一。

基于高度的查询

截至目前，我们讨论的媒体查询，似乎都是以宽度作为最重要的影响因素的，但是设备的高度，也在响应式布局里扮演这非常重要的角色。我们不能总是假设每个用户使用足够高和足够舒服的屏幕。

苹果出品的 11 寸的 MacBook Air，是一款非常棒的便携式电脑，但是它的屏幕高度比较低，很多设计在屏幕中的显示效果，看起来很笨拙。幸运的是，有几组媒体查询可以帮助我们来改善设计：height、min-height 和 max-height；device-height、min-device-height 和 max-device-height。

对于 MacBook Air 或者类似这样的屏幕比较矮小的设备，我们可以减少垂直间距或元素，比如减小行高、头尾的 banner 以及导航的内边距值。

```
p {
line-height : 1.5; }
[role="banner"],
[role="navigation"] {
margin-top : 1.5rem; }
@media (device-height: 56.25rem) {

p {
line-height : 1.4; }
[role="banner"],
[role="navigation"] {
margin-top : 1.3rem; }
}
```

这样一个微小的调整，却能为用户体验带去极大的改善。

混合查询

我们可以使用两种或者更多的查询条件，来更加精准地命中使用 11 寸 MacBook Air 的用户。在查询条件中插入类似 and、not 和 only 这样的连接词就可以实现，如下所示。

```
@media screen
and (min-width: 48rem) {
[…]
}
```

这个 CSS 声明中的样式规则，只会在宽度大于 48rem 的设备上生效。而符合这个宽度规则的打印机设备，亦不会采用这段规则。

在下面的例子中，样式规则只会在 device-height 值大于 900px 的屏幕设备上生效。

```
@media only screen
and (min-device-height: 56.25rem) {
[…]
}
```

我们可以使用 min-device-height 和 device-aspect-ratio 这样的媒体查询，来组成一个查询组合，从而实现对 11 寸 MacBook Air 的极精密和精准的匹配。

```
@media only screen
and (min-device-height: 56.25rem)
and (device-aspect-ratio: 16/10) {
[…]
}
```

截至目前，所有的规则都是包含在一条查询中，样式只有在查询结果返回为真的时候才生效。如果我们想要两条查询，也许只是来区分下 11 寸 MacBook Air 的不同分辨率，我们只需要用逗号来对媒体查询做下分割，而分割开的两条查询只要有一条返回为真，包含的 CSS 规则都会生效。

```
@media only screen
and (min-device-height: 56.25rem)
```

```
and (device-aspect-ratio: 16/10),
screen
and (min-device-height: 37.5rem)
and (device-aspect-ratio: 4/3) {
[…]
}
```

旋转屏幕的处理

原来当我们说起响应式设计的时候，我们一般针对的都是特定的设备。过去来说就是 iPhone 和 iPad，而现在，人们访问我们的网站时，使用的设备类型五花八门，屏幕及尺寸也是各式各样，过去的经验在今天是行不通的。

然而，当我们想为某特定设备添加样式的时候，会出现一些情况，也许是某个 APP 被使用 iPad Pro 横屏的用户所访问。而针对特定的设备识别，可以使用包含组合两个或更多的查询，以形成一个长条件的响应式查询。所以针对前面的情况，我们可以使用 min-device-width 和 max-device-width 组合来甄别出使用横屏 iPad Pro 的用户，最终只需要一个屏幕方向查询加一个低分辨率的过滤就可以搞定了。

```
@media only screen
and (min-device-width: 96rem)
and (max-device-width: 128rem)
and (orientation: landscape)
and (-webkit-min-device-pixel-ratio: 2) { }
```

行高比例媒体查询

响应式设计经常迫切需要对排版的完美控制。其中最有效的一个办法是通过调整文本大小，以及行高这些与宽度有关的特性，来提升可读性。

对于我们的 WWF 案例网站，当屏幕宽度增加时，我们也适时地增加了段落和其他文字部分的行高，这里显示了在 iPhone 横竖屏以及 iPad 上的显示状态。

作为一个普遍的经验法则，行高应该随着尺寸增长而变大。这样有利于我们的眼睛，去分辨每行的开始和结束位置。媒体查询允许我们利用视窗宽度或者设备宽度以及相关的 CSS 选择器，精确地控制行高。在下例中，我们将会把最小的屏幕和最窄的列的 line-height 设置为 1.4。

```
p {
line-height : 1.4; }
```

随着屏幕和列越来越宽，行高应该随之变大。而这个增长数值依赖于我们选择字体的字号大小。我们设计行高将会以渐进方式逐渐增加，在最小宽度 48rem 时设置行高值为 1.5。

```
@media (min-width: 48rem) {
p {
line-height : 1.5; }
}
```

最终，我们会在最小视窗宽度为 64rem 时候，设置行高值为 1.6。

```
@media (min-width: 64rem) {
p {
line-height : 1.6; }
}
```

随着宽度的不断增加，行高值也会越来越大。而宽度越窄，行高也会越紧凑，这样不仅提升了可读性，也提升了设计排版方面的体验。

特征查询

媒体查询使用 @media 作为查询标志，然而它并不是仅有的 CSS 条件语句。特征查询使用 @supports，来为支持特定 CSS 声明的浏览器，添加独有的样式内容。

在第一个例子中，我们将会对支持 display:flex 的浏览器，设置对于 figcaption 元素删除 font-size 属性，这会使图释在更小的宽度的时候更具可读性。

```
@supports (display:flex) {
.figure--horizontal figcaption {
display : flex; }
}
```

仔细观察上例，你也许会注意到，这个查询并不是简单的测试下是否支持 display 属性，而是包含了属性和值两个设置。在实际操作中，这意味着我们有能力去做更加精确的支持。比如，我们也许想针对支持 column-span:all 声明的浏览器，设置 CSS 多列布局。这个特性还不被 Firefox 支持，可以像如下设置一样，让多列布局更加实用。

```
@supports (column-span:all) {
section {
column-count : 2; }
}
```

不像我们创建媒体查询，使用特征查询提供两种可供选择的样式的最佳实践，依赖于浏览器是否对该 CSS 声明支持。

我们可以使用 not 运算符来配合使用。针对上面这个例子，让我们来优化多列布局的体验，针对像 Firefox 这样还不支持 column-span:all 的浏览器，通过添加内边距 padding 属性以减小尺寸。

```
@supports (column-span:all) {
section {
column-count : 2; }
}

@supports not (column-span:all) {
section {
padding : 0 4rem; }
}
```

所有支持 column-span:all 的浏览器将会自动渲染成两列，而像 Firefox 这样不支持多列布局的浏览器，将会在章节上增内边距值来增强体验。

如同本例所示，我们可以很方便地通过 @supports 测试，来为浏览器增加两个或更多的样式。这种做法对于识别浏览器是否支持原生 CSS 特性，或者是浏览器私有的 CSS 特性十分有用。我们可以使用 or 操作符来实现。

```
@supports (column-count:2)
or (-webkit-column-count:2) {
section {
column-count : 2; }
}
```

我们也许也会配合 and 操作符使用，来确认浏览器是否支持两个或更多的声明。继续引用上面的例子，我们可以写一个特征查询，用来为同时支持 `column-count:2` 和 `column-span:all` 声明的浏览器，添加一个 `section` 的样式。

```
@supports (column-count:2)
and (column-span:all) {
section {
column-count : 2; }
}
```

支持的浏览器

微软 Edge 浏览器，是第一款支持 CSS 特性查询的浏览器，同时 Edge 也在极力促成所有现代的桌面和移动浏览器，对于 `@supports` 的支持完善度。除非你是为比 IE 还老的浏览器书写 CSS 样式，否则没有什么理由不使用 `@supports`。

Modernizr

当年我正策划本书第一版的时候，曾经收到过一封电子邮件，询问我是否有兴趣试用一款还未发布的 JavaScrip 特性嗅探库。当时我还没有意识到，Modernizr 将会如此重要，而且它会成为本书第一版的概念构成基石之一。

尽管现在 Modernizr 中的技术早已和当初发布时相去甚远，但是实现原理和使用方法依然没有变化。Modernizr 是一款轻量 JavaScript 库，用来检测浏览器是否支持某一个 HTML 或者 CSS 特性。当页面加载的时候，Modernizr 会运行它的特性测试，并在 `html` 元素上添加相应测试结果的 `class` 属性和值。以下是我推荐的一些 Modernizr 特性测试配置。

Background Blend Mode	Flexbox
Border Image	Gradients
Calc	Shapes
Columns	Supports
Filters	Vw and vh units

我们可以利用这些 class，来为支持或者不支持的浏览器添加不同的样式。

如今 Modernizr 还有用吗？

这是一个非常犀利的问题。当 Modernizr 发布，以及随后几个月本书第一版出版的时候，浏览器对于很多新的 CSS 特性的支持顶多算是差强人意。在最好的和最差的浏览器之间还存在一个显著的差距，而像

Modernizr，还是一款用来区分样式是否支持，或者是为渐进增强的元素，添加更多特定选择器的必备工具，如下所示。

```
section {
padding : 0 4rem; }

.csscolumns section {
padding : 0;
column-count : 2; }
```

今天，浏览器间对于 CSS 特性的支持的差距，在不论是桌面浏览器还是移动浏览器都越来越小。而相较于五年前我在每一个站点上都添加 Moderniz 的做法，在今天我更加有针对性的使用它。对于一些特定的 CSS 技术来做检测，特别是分栏、flexbox 布局以及 SVG 支持这样的。对于这些特性测试，Modernizr 仍然是一款非常有用和强大的工具。

使用 Modernizr

我们需要一款便携的工具，来帮助我们创造超越平凡的设计，而 Modernizr 正是我们所需要的。

在 Modernizr 网站上，选择一个大的开发者版本脚本，或者是一个包含了我们需要使用的特性测试的定制版本。在性能优化如此重要的今天，我们不应该在线上站点使用开发者版本。配置好项目后，下载脚本并链接到文档中。

```
<script src="js/modernizr.js"></script>
```

在脑中始终保持渐进增强的理念——引入任何脚本的时候，都要考虑脚本不能被激活的状况。在 html 元素上，增加相应的 no-js 样式，为不支持 JavaScript 的浏览器设置基本的样式，激活 Modernizr 的功能。

```
<html class="no-js">
</html>
```

当 Modernizr 运行时，它会在 JavaScript 被激活时候，使用 js 来替代 no-js 样式。Modernizr 会帮助我们来评估浏览器，它会根据检测结果，向 html 元素上添加相应的 class 属性和值，而不是使用用户代理字符串嗅探的方式。

```
<html class="js backgroundblendmode borderimage csscalc csscolumns
cssfilters flexbox flexboxlegacy flexboxtweener cssgradients shapes
```

```
cssvhunit cssvmaxunit cssvminunit cssvwunit">
```

当浏览器不支持某一个特性的时候，Modernizr 会自动在这个 class 上增加一个 no- 前缀。

```
<html class="js no-backgroundblendmode no-borderimage no-csscalc
no-csscolumns no-cssfilters no-flexbox no-flexboxlegacy
no-flexboxtweener no-cssgradients no-shapes no-cssvhunit
no-cssvmaxunit no-cssvminunit no-cssvwunit">
```

我们可以利用这些属性和值，根据浏览器对 CSS 属性的支持情况，调整页面来适应。

在下面的例子中，我们使用了多重背景图片，我们也许会从 CSS 支持能力最差的浏览器开始，为其构建一个基本样式。在这个例子里，我们为 section 元素设置一个背景图片。

```
section {
background : url(section.png) no-repeat 50% 0; }
```

当 Modernizr 库检测到浏览器支持多重背景渲染时，我们可以通过额外的特定选择器，为元素增加多重背景图片。

```
.multiplebgs section {
background-image : url(section-left.png), url(section-right.png);
background-repeat : no-repeat, no-repeat;
background-position : 0 0, 100% 0; }
```

Modernizr 的目的并不是要对浏览器不支持的特性进行支持，它不会让所有浏览器里的展示变得一模一样。相反的，它会基于不同的特性检测结果，来呈现不同的设计。这意味着，Modernizr 仍然是一款专业 Web 开发工具。

打破传统

随着新的设备类型和屏幕类型的与日俱增，我们过去所坚持的所有浏览器高保真还原 Web 设计的理念，将成为回忆。为通过不同渠道访问网站内容的用户设计响应式的界面，已经成为我们的基础工作。CSS3 的媒体查询，在每一个现代浏览器中都得到了提升，所以我们不应该再讨论是否要使用媒体查询，而是如何在我们的设计中，以及用户的交互中，更好地使用它们。

flexbox 布局

学习 CSS 页面布局哪家强？无数教程帮你忙！我立刻能想起来就有 Rob Chandanais 的 Blue Robot Layout Reservoir（"蓝色机器人教程"）、Eric Costello 的 CSS Layout Techniques（"CSS 布局技巧教程"），等等。

今天很难想象，当初这些教程教授的技术是多么的有新意，以及定位布局是多么的不靠谱。通过这些教程回顾历史，我们可以去一窥 CSS 带来的无限可能。浮动布局技术作为网站排版的第一选择离我们的时间并不远，差不多在最近 15 年的时间里，有无数的网站采用了 `float` 技术来实现网站布局。

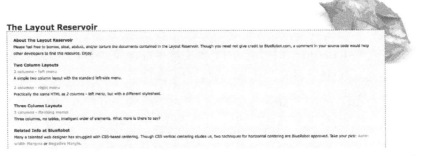

蓝色机器人教程，曾是最重要 Web 布局教程网站之一。如今它已成为过去，用户只能通过搜索快照来访问它，这让人有些感伤。

所有在浮动布局的大坑里挣扎过的人都知道，它从来不是一款理想的布局工具，它经常被浏览器 bug 以及盒模型问题所困扰。让我们难以忘怀的，还有清除浮动等。浮动成为了一个不完美的标准，而总有人试图在日益复杂的响应式布局中试图改造它，让其成为一款称手的布局工具时，但这只会带来更加糟糕的结果。

当 flexbox 布局或者 flexbox 标准刚刚出现的时候，它们并不是很稳定，所以本书第一版中并未涉及此方面的内容。但是事情其实从那时候开始就发生了变化。

现在浏览器不仅仅支持 flexbox，而且所有的现代桌面和移动浏览器中，这个特性都是稳定可依赖的，而 flexbox 也获得了设计师和开发者的注意与想象发挥。

相较于老套的布局方式，使用 flexbox 将会让你得到巨大的实惠。它是一款次世代布局工具，而且支持更多的响应式布局，并且无需对于标记处理就可以重排内容版式，同时也解决了背景高度相同而列高不同等类似的问题。

此时此刻，我并不是在与你讨论是否要使用 flexbox，你应该使用它。除非你还在为 IE9 和 10 提供访问服务，否则真的没有什么理由拒绝在网站和 APP 上使用 flexbox 布局。

深入 flexbox

学习 flexbox 的难点在于理解它的视觉模型。如你所见，浮动布局模型是很好理解的，它们沿着一维水平方向排列。而 flexbox 的运转则包含了水平和垂直两个维度。

当设置某一元素弹性时，我们为其设置了一个主要的轴，另外一个轴则穿过它——有时两个轴都会设置。这种能力是使用浮动布局所不能给予我们的。

把弹性收缩想象成一条穿过并固定在盒子或者容器两面的线，会有利于理解 flexbox 的概念。在 flexbox 中，这第一条穿过盒子的线，我们称其为主轴，而沿着这条线分布的元素，我们都称之为弹性元素。这些弹性元素可以是任何构成布局的 HTML 元素。

就像设置文本的左、右、居中对齐一样，我们同样可以在主轴上如此设置弹性元素。在实践中，这意味着弹性元素可以贴在弹性容器的一边或者另外一边展示，甚至是按弹性线居中停留。

通过改变标记中的设置，可以将弹性扩展方向改为相反的方向，这样就可以让弹性元素沿着我们期望的方向排列。与传统的布局技术相比，这有着巨大优势，人们终于可以透过源代码，清晰地脑补出屏幕上的显示效果。

flexbox 布局更强大，甚至支持通过改变 `flex` 属性的值，来轻松的实现水平行到垂直列的切换转变。

最后，也许是最有意思的是，我们可以更改创建布局所需显示的元素，以便适应特定的视窗大小。毫无疑问，flexbox 是一款非常强大的工具，所以，让我们先用它来创建一个小说列表的例子，这也是本书所用一系列案例的基础。

创建弹性容器

在本书第一部分中，我们列举了大量的设计案例，但是当你稍后查看这些网页时，你一定会惊讶，这些形形色色的设计案例，它们的主要标签结构都是相同的。

Blood Money

Originally appeared as two short stories in Black Mask in 1927 under the titles "The Big Knockover" and "$106,000 Blood Money."

ADD TO CART

The Continental Op

The Continental Op made his debut in an October 1923 issue of Black Mask, making him one of the earliest hard-boiled private detective characters to appear in the pulp magazines of the early twentieth century. He appeared in 36 short stories, all but two of which appeared in "Black Mask."

ADD TO CART

Glass Key

It was Hammett's favourite of his five novels, and is also the most stylised. The characters are defined only by their outward actions and their inner motivations are often unclear.

ADD TO CART

利用 flexbox 技术，制作一个包含侦探小说的列表，列表内容包括该小说的封面和内容简介。

首先，我们写一个 div 结构，并给它挂载一个名为 item 的样式类名。在这个 div 内部，增加两个并列的 div 子元素，一个用来展示封面，一个用来展示内容简介。

```
<div class="item">
    <div class="item__img">
        <img src="hardboiled.jpg" alt=""></a>
```

```
    </div>
    <div class="item__description">
        <h3>The Scarlet Menace</h3>
    </div>
</div>
```

根据在源码里的排列顺序，小说封面和内容简介，都将呈现自然的垂直排列状态，即一个在另外一个的上面。我们可以轻松地改变这个自然状态，通过设置 `item` 元素，将其转变为一个弹性容器。`flex` 是一个新的 `display` 属性值，目前它的值包括 `block`、`inline`、`inline-block`、`none` 和 `table` 等。

```
.item {
display : flex; }
```

`flex` 将 `item` 设置为弹性容器，但是并没有移除它的 `block` 属性，所以这个 `div` 结构继续占据其父元素的可用空间。

像所有的块级元素一样，`item` 项将占满其父元素的一整行空间，除非我们做了特别设置。

当不需要 `item` 元素占满一行，或者想在弹性容器中增加内联元素的时候，我们可以按照如下方式设置。

```
.item {
display : inline-flex; }
```

观察第一个例子，我们会发现为 `item` 设置了 `display:flex` 后，小说封面和内容简介都不再是垂直显示的了。这是因为我们将父元素设置成了弹性容器，它的子元素默认就变成了弹性元素，并会自动沿主轴方向横向排列。flexbox 布局的发明者，设置了很多类似的非常聪明的默认项；对于一些开发者来说，这将会是非常非常有用的。

flexbox 布局方向

通过设置弹性元素的方向，实现横向或者竖向的排列，是实现对不同视窗大小或方向布局的另一种非常有效的方式。当我们给元素设置 `flex-direction` 时，也同时设置了主轴的方向。如果没有设置任何方向，默认值是 `flex-direction:row`。让我们回到小说列表的例子，给它指定一个 `flex-direction`。

```
.item {
flex-direction : row; }
```

对于从右向左书写的语言，我们为其设置 `dir` 属性为 `rtl`；否则文本书写方向默认会从左边开始，在右边结束。`row` 是默认值，除非你需要覆盖之前的 `flex-direction` 声明，否则你无需显式声明 `row` 这个值。

反转行

你也许还记得在列表例子的源码中，小说封面图片区域子元素在前，内容简介子元素在后。当我们需要把小说封面展示在右边，内容简介展示在左边时，无需更改 HTML 代码，只要简单地改变 flexbox 的布局方向即可。

```
.item {
flex-direction : row-reverse; }
```

The Maltese Falcon

"The Maltese Falcon," first published as a serial in the pulp magazine Black Mask, is the only full-length novel in which Spade appears. The novel's atmosphere is dense as a San Francisco fog, and its descriptions of locations are so accurate that many can been pinpointed on a map

 ADD TO CART

将 `flex-direction` 值设置为反转，无需修改 HTML 代码，轻松实现水平布局的变化。

把 `dir` 属性设置为 `rtl`，flexbox 的文本方向从右变为左，而弹性元素也会按反向排列。这个微小的变化，却给布局技术带去了巨大的影响。

反转列

不像只有水平方向维度的浮动布局，弹性容器有水平行和垂直列两个维度。虽然块级元素默认是垂直排列的，但是你很快会看到，当我们需要定义一个列的时候，如何通过指定 flex-direction 来实现。

```
.figure--classic {
flex-direction : column; }
```

在下一个例子中，我们将会使用 flex-direction，让 figure 元素以及它的图释更加有趣。HTML 标记包含一个 figure 图像和与其相关的 figcaption。

```
<figure class="figure--classic">
    <img src="hardboiled.jpg" alt="">
    <figcaption>Pulp magazines were inexpensive fiction magazines
published until the '50s.</figcaption>
</figure>
```

Drinking at a seedy bar on a rainy night, Hammer notices a man come in with an infant. The man, named Decker, cries as he kisses the infant, then walks out in the rain and is shot dead. Hammer shoots the assailant as he searches Decker's body.

在这个传统的插画设计中，默认布局与源码排列顺序相同。

例子中的图释 figcaption 元素显示在图片元素下面，和它在源码里的位置相同。但要想让插图设计更加有趣，我们可以使用 flex-direction 来把图释调整到图片的上方。

```
.figure--reverse {
flex-direction : column-reverse; }
```

Drinking at a seedy bar on a rainy night, Hammer notices a man come in with an infant. The man, named Decker, cries as he kisses the infant, then walks out in the rain and is shot dead. Hammer shoots the assailant as he searches Decker's body.

通过为 `flex-direction` 设置反转属性，让设计更加有趣。

如此简单，但是却非常有效地使插画设计更加有趣。现在，在中等或者大屏幕上，设置图释的最大宽度为 50%。

```
.figure--reverse figcaption {
max-width : 50%; }
```

Drinking at a seedy bar on a rainy night, Hammer notices a man come in with an infant. The man, named Decker, cries as he kisses the infant, then walks out in the rain and is shot dead. Hammer shoots the assailant as he searches Decker's body.

这样的细节虽然微小，但是跳出了俗套。

在随后的内容中，我们将会来分享，当使用 flexbox 来实现复杂布局时，如何使用主轴和侧轴，来让设计更加有效和有趣。

创建弹性布局轴

在考虑布局方式的时候，浮动行为似乎已经变得根深蒂固。比如，当两个浮动元素宽度超出它们的父级元素的时候，其中一个元素将会折行显示在另外一个下面。而 flexbox 布局有一个不同的模型，弹性元素会灵活地根据弹性容器的宽度来表现。

我将会举例说明浮动模型与 flexbox 模型的区别，例子中将会在一个 section 元素中设置四个 article 元素。

```
<section class="hb-shelf">
    <article class="item"> […] </article>
    <article class="item"> […] </article>
    <article class="item"> […] </article>
    <article class="item"> […] </article>
</section>
```

在没有设置任何样式的情况下，这些 article 元素将会垂直排列。

1. Police Detective Cases
Known for its longevity (133 issues in 19 years) and for a consistent high quality of material from most of the top detective authors of the period.

2. The Spicy Detective Magazine
Known for its longevity (133 issues in 19 years) and for a consistent high quality of material from most of the top detective authors of the period.

3. Off Beat Detective Stories
Known for its longevity (133 issues in 19 years) and for a consistent high quality of material from most of the top detective authors of the period.

4. Snappy Mystery Stories
Known for its longevity (133 issues in 19 years) and for a consistent high quality of material from most of the top detective authors of the period.

这个列表在针对更小的屏幕时，我们不用或者只用做很小的调整。

现在，我们为 section 元素设置 display:flex，刷新后会看到，浏览器会创建一个横向的主轴，article 元素将沿着水平方向分布。无需再定义任何额外的 flexbox 属性，浏览器会自动等分 section 元素的宽度，让 article 元素充满父元素的全部可用空间。

文章会沿着 section 元素的默认主轴方向排列。

当给每一个 article 元素设置宽度的时候，你也许会感到惊讶。

```
.item {
width : 400px; }
```

在浮动布局中，浏览器只要有空间就会尽可能显示 article 元素，直到填满一整行再折行显示。

而当增加 article 元素的宽度时，浮动布局下会很快折行显示。而无论怎样，在 **flexbox** 布局中，flex-wrap:nowrap 值优先级高于 article 元素的宽度值 width。

包裹弹性元素

与浮动布局不同，在弹性布局中，弹性容器会自动扩展宽度，以适应它包含的弹性元素组合的宽度。这是因为弹性布局的发明者当时做了一个比较明智的选择，给 flex-wrap 属性设置的默认值就是 nowrap。而把 flex-wrap 的值改为 wrap 后，完全不同的事发生了，浏览器会自动计算每一项的宽度，并在填满 section 弹性容器的一整行后，再折行显示。

```
.hb-shelf {
flex-wrap : wrap-reverse; }
```

也许你已经注意到，例子中的四本小说带有 1 至 4 的序号。无论有没有设置 nowrap 或者 wrap，这些小说的显示顺序，和源代码里的排列顺序一样，都是从左上角方向开始。弹性布局给予我们更多和更灵活的方法来控制包裹方式，比如切换 flex-wrap 的值为 wrap-reverse，这些小说就会从左下角方向开始排列。

1. Police Detective Cases
Known for its longevity (133 issues in 19 years) and for a consistent high quality of material from most of the top detective authors of the period.

 2. The Spicy Detective Magazine
Known for its longevity (133 issues in 19 years) and for a consistent high quality of material from most of the top detective authors of the period.

 3. Off Beat Detective Stories
Known for its longevity (133 issues in 19 years) and for a consistent high quality of material from most of the top detective authors of the period.

 4. Snappy Mystery Stories
Known for its longevity (133 issues in 19 years) and for a consistent high quality of material from most of the top detective authors of the period.

将 `flex-wrap` 值从默认的 `nowrap` 改为 `wrap` 后，看起来有点类似浮动布局的感觉，不过有一些值得注意的不同点。

```
.hb-shelf {
flex-wrap : wrap-reverse; }
```

 3. Off Beat Detective Stories
Known for its longevity (133 issues in 19 years) and for a consistent high quality of material from most of the top detective authors of the period.

 4. Snappy Mystery Stories
Known for its longevity (133 issues in 19 years) and for a consistent high quality of material from most of the top detective authors of the period.

 1. Police Detective Cases
Known for its longevity (133 issues in 19 years) and for a consistent high quality of material from most of the top detective authors of the period.

 2. The Spicy Detective Magazine
Known for its longevity (133 issues in 19 years) and for a consistent high quality of material from most of the top detective authors of the period.

包裹的弹性元素反转后，它们的起始位置发生了变化。

此时你肯定想问："这和对 `flex-direction` 设置 `row-reverse` 有什么区别？"这是一个好问题，让我们把 `flex-wrap` 的值恢复为 `wrap`，然后使用 `flex-direction` 的 `row-reverse` 来看看。

```
.hb-shelf {
flex-wrap : wrap;
flex-direction : row-reverse; }
```

如此一番，我们可以看到被包裹的弹性元素的起始位置从左下角变为了右上角。

仔细观察 `flex-wrap` 与 `flex-direction` 之间的区别，可以让我们更好地理解 flexbox 布局的潜力。

flex-flow 属性

`flex-flow` 是一个对 `flex-direction` 和 `flex-wrap` 的混合简写。也许你还记得，`flex-direction` 的默认值是 `row`，`flex-wrap` 的默认值是 `nowrap`，所以下面的值无需再显式声明。

```
.hb-shelf {
flex-flow : row nowrap; }
```

无论是 `flex-direction` 还是 `flex-wrap`，都是强大的布局属性，但是当组合使用它们时，会让很多新手感觉非常困难，甚至很多已经用惯的老方法无法使用。可以理解，flexbox 技术才刚刚起步，当你看到那些改变弹性元素大小或者元素排列的奇巧淫技时，我相信你一定会和我一样，兴高采烈地使用这个富有想象力的技术来改进设计。

调整弹性元素大小

使用浮动布局，你就需要做大量的数学计算，这真让人无奈。即使是最简单的布局，也需要我们计算父容器中能放多少个子元素，每个子元素的宽度是多少。两个元素，宽度各 50%；三个元素，每个 33% 的宽度，诸如此类。元素间的外边距，同样需要做大量的计算，这让 Web 设计更像是一场数学挑战，而不是艺术创作。

弹性布局改变了这一窘境，让我们可以更加轻松地创作有趣的设计。更重要的是，布局结果更加灵活。继续我们的例子，来看看它到底是如何让布局变得如此简单和美好。这次我们给列表里的 `article` 元素设置宽度。

```
.item {
width : 240px; }
```

在小屏幕上，弹性元素在主轴上等分排列。

让我们的弹性容器 section 中的弹性元素沿主轴排列，但是有时候填充不满一行。

当弹性容器的宽度大于弹性元素组合起来的宽度，那么在右侧一般会出现空白的现象。对于一些设计来说，留白是可以接受的，但是对于另外一些设计，最好还是可以完美地填充满一行。flexbox 布局也提供了相关的属性，可以让工程师去选择弹性元素在父容器中扩展或者收缩展示。

flex-grow 属性

flex-grow 会设置弹性元素的扩展比例。扩展比例会定义一个弹性元素，当父容器中留有可用空间时，相较其他元素会扩展多少。flex-grow 是 flexbox 模型中最难理解的概念之一，所以让我们还是用例子来演示吧。

在上个例子中，我们给四个 article 元素分别设置了 240 像素的宽度。在小于 960 像素的环境下，对弹性容器设置 display:flex，保证所有的 article 元素都会等分扩展填充。大于 960 像素的环境下，右侧留白。

继续修改上面的例子，给所有的弹性元素都设置同样的扩展比例，让这些元素平均等分父容器的空间。

```
.item {
flex-grow : 1; }
```

给所有的弹性元素设置相同的扩展比例，保证它们平均等分所有空间。

所有的 `artice` 元素在容器中等分排列，每一个的宽度都大于我们设置的 240 像素。但是，如果想调整这些弹性元素的大小，该怎么办呢？如果我们想把父元素的可用空间，以不同比例来切分，又该怎么办呢？为了让大家理解，在下面的例子中，我们会给第二个弹性元素分配两倍的空间。如你所见，我们会对所有的弹性元素设置扩展比例为 1，对第二个设置为 2。

```
.item {
flex-grow : 1; }

.item:nth-of-type(2) {
flex-grow : 2; }
```

使用简写模式

在弹性布局中，`flex-grow` 并不是唯一一种控制元素大小的属性。后文中我们将学习 `flex-shrink`，它与扩展比例相对应的收缩比例。此外，还有 `flex-basis` 属性，即弹性元素的伸缩基准值。眼下，我们只需要了解 `flex-grow` 一般会和其他的属性配合使用，并且被简写包含在 `flex` 属性中。从现在开始，我们将使用 `flex` 属性来替代这些冗长的属性名。

给各个弹性元素分配不同的缩放比例，是使用弹性布局的基本原则之一。

第二个元素被分配了两倍的缩放比例，所以它的宽度是相邻元素要的两倍。

flex 属性实战

为了帮助理解 `flex-grow` 概念，以及如何通过使用各种 HTML 元素来构建弹性布局，巩固所学知识，我们将会对一组被 `figure` 元素包裹的图片和图释做响应式布局。这是一个仅用几行代码实现的理想 flexbox 布局，它的形式在互联网上比较少见，但却是传统报纸和杂志里随处可见的布局。构成它的 HTML 标签没有什么特别的。

```
<figure class="figure--horizontal">
   <img src="hardboiled.jpg" alt="">
   <figcaption>Pulp magazines were inexpensive fiction magazines
published until the '50s.</figcaption>
</figure>
```

如果我们什么都不做，那么 `figcaption` 元素默认在图片下面显示，但是我们可以让它更好看些。在大屏设备上，我们首先将 `figure` 元素的 `display` 属性设置为 `flex`，将其设置为弹性容器。它的默认值是 `row` 和 `nowrap`，我们无需定义默认值。

```
@media (min-width: 48rem) {
.figure--horizontal {
display : flex; }
}
```

这组图片和图注现在已经变成了弹性元素，按照默认的主轴排列分布。到目前为止看起来还不错，由于图片元素在源代码里是第一个，所以它在浏览器中会显示在左侧，因为 `flex-direction` 的默认值是 `row`，而 `figcaption` 元素会作为第二个，显在右侧。

我想让图片的宽度是图释部分的四倍，所以我们给图片添加 `flex-grow`，值为 4，而给图释部分设置值为 1。

```
@media (min-width: 48rem) {

.figure--horizontal img {
flex : 4;}

.figure--horizontal figcaption {
```

```
flex : 1; }
}
```

Mike Hammer wakes up being questioned by the police in the same hotel room as the body of an old friend from World War II. His friend, Chester Wheeler, has apparently committed suicide with Hammer's own gun after they had been drinking all night.

让图片和图释按照主轴方向排列，并且按特定比例扩展或者缩放自身宽度，形成一个良好的布局，这比起传统的浮动要简单得多。

如果我们想做一点点变化，改变图片和图释的展示顺序，该怎么办？无需改变 HTML 源代码，只需要改变 flex-direction 的默认值，即把 row 改为 row-reverse。

```
@media (min-width: 48rem) {
.figure--horizontal-reverse {
flex-direction : row-reverse; }
}
```

Mike Hammer wakes up being questioned by the police in the same hotel room as the body of an old friend from World War II. His friend, Chester Wheeler, has apparently committed suicide with Hammer's own gun after they had been drinking all night.

无需改变 HTML 源代码，就能改变元素展示顺序。

元素伸缩基准属性

flex 这个简写的属性，是 flexbox 中最强大的一个，因为它实际包含了 flex-grow、flex-basis 以及 flex-shrink 三个属性。虽然我们经常使用这个强大的简写属性来对弹性布局的容器进行比例分割，但理解它背后包含的三个属性才是更加重要的。我们从 flex-basis 开始。

截至目前，我们了解了当弹性容器改变大小，以及变成响应式布局时，它包含的弹性元素该如何扩展和收缩。我们允许这些弹性元素自由流动，且不给它们指定任何的大小值。有某些特别的情况，比如当弹性元素在一开始需要以特定大小展示，而我们还没有给它定义扩展比例或者收缩比例。在弹性布局中，我们使用 flex-basis 属性，来为一个元素设置其初始大小值。

为了说明这种情况，我们将回到之前的例子，这一次只包含两个元素。

```
<section class="hb-shelf">
   <article class="item"> […] </article>
   <article class="item"> […] </article>

</section>
```

通过给 section 设置 display:flex，将其变为一个弹性容器。无需特别指定 flex-direction:row 或 flex-wrap:row，它们都是默认初始值。

```
.hb-shelf {
display : flex; }
```

然而，这次在对弹性元素 article 设置宽度前，我们先会定义每个元素的初始宽度为 420px。

```
.item {flex-basis : 420px; }
```

在水平布局中，flex-basis 的作用等同于 width。需要注意的是，当屏幕宽度大于弹性元素组合的宽度，即 840px 的时候，在容器右侧会出现留白空间。

设置 `flex-basis` 属性让我们可以精准地控制弹性元素大小。

我们将要调整这个布局，当调整第一个元素的时候，奇迹发生了：我们设置第一个元素弹性缩放，占满剩余空间，而第二个元素依然按照 `flex-basis` 设置的 420px 宽度占位。

```
.item:first-of-type {
flex-grow : 1; }
```

让其中一个弹性元素增加宽度，占满剩余的空间，另外一个保持不变。

flex-shrink 属性

`flex-grow` 定义了弹性元素的扩展比例，它告诉该元素，当父元素的宽度大于弹性元素组合的宽度时该如何增加宽度。而 `flex-shrink` 恰恰相反，它定义当父元素宽度小于弹性元素组合宽度时，该如何缩小弹性元素的宽度。简而言之，`flex-grow` 指定弹性元素将获得的空间；而 `flex-shrink` 则指定其要失去的空间。

当我们将 `flex` 这个简写属性的值设置为 1 时，其实就是设置了相应的弹性元素的扩展和伸缩比例都为 1，如下所示。

```
.item {
flex : 1; }
```

等同于：

```
.item {
flex-grow : 1;
flex-shrink : 1; }
```

这是因为，在 flexbox 中，当弹性容器的空间不足以显示子元素时，浏览器会根据弹性元素个数自动均分父容器空间。但是这个行为导致的布局结果并不是我们想要的，我们可以修改这个默认行为——更改弹性元素的缩放比例，即定义 flex-shrink 值。

这是弹性布局中又一个非常难理解的概念，为了帮助你理解，我们将会对第一个弹性元素添加一个略夸张的 flex-shrink 值，设置这个值以 8 开始。

```
.item:first-of-type {
flex-shrink : 8; }
```

调整浏览器宽度，你会注意到，当父容器大小可以放下这两个元素的时候，布局是没有任何变化的。当继续缩小浏览器时，奇迹发生了，即弹性父容器的宽度小于弹性子元素组合的 flex-basis 值之和时，可以看到第二个元素没有变化，它的大小依然与 flex-basis 所定义的相同，而第一个元素则根据伸缩比例动态缩小了。

1. Police Detective Cases

Known for its longevity (133 issues in 19 years) and for a consistent high quality of material from most of the top detective authors of the period.

2. The Spicy Detective Magazine

Known for its longevity (133 issues in 19 years) and for a consistent high quality of material from most of the top detective authors of the period.

为元素指定减少空间的比例，可以有效帮助我们在小屏幕上控制元素展示效果。

减小 flex-shrink 的值到 2，你会发现第一个弹性元素变大了，而随着屏幕尺寸的减小，元素的缩小比例也相应变小了。

```
.item:first-of-type {
flex-shrink : 2; }
```

使用 flex-shrink，我们牢牢地控制住了弹性元素的伸缩比例。通过用不同的数值做实验，我们也观察到了屏幕尺寸变化时整个布局的变化情况。

理解 flex 简写模式

一如我早前提到的，我们能够也应该把 `flex-grow`、`flex-shrink` 和 `flex-basis` 三者简写在 `flex` 属性里，浏览器会按如下顺序解释。

```
.item {
flex : 1 1 420px; }
```

如果我们漏掉了 `flex-shrink`，浏览器默认会将它设置为 1，而 `flex-basis` 的浏览器默认值是 0%。

flexbox 排序

让我们先暂时忘掉 flexbox。但是别担心，在随后的章节里我们将会学习更多的神奇的 CSS 属性。下面，我来隆重介绍一种无需切换 HTML 代码顺序，就能改变展示结果上顺序的 CSS 能力。

现在，你肯定想知道它是什么。它就是 `order` 属性，一种可以在 `flex-direction` 上实现更加精准的元素控制的属性。

为了演示 flexbox 的 `order` 属性，我们将把一系列 `article` 元素加入到一个 `section` 中，并分别设置它们为弹性元素和弹性容器，如下所示。

```
<section class="hb-shelf">
   <article class="item">1 […] </article>
   <article class="item">2 […] </article>
   <article class="item">3 […] </article>
   <article class="item">4 […] </article>
</section>
```

这些文章标签上并没有标注 `id`，每一个 `article` 元素都有一个编号，按从上到下顺序排列展示。

在 flexbox 中，弹性元素的展示亦如它们在代码中的顺序一样，但是在实际操作中，我们常常需要调整这个列表的展示顺序。我们可以先把 `section` 变成一个弹性容器，接着把其 `flex-direction` 的值设为 column。

```
.hb-shelf {
display : flex;
```

```
flex-direction : column; }
```

1. Police Detective Cases

Known for its longevity (133 issues in 19 years) and for a consistent high quality of material from most of the top detective authors of the period.

2. The Spicy Detective Magazine

Known for its longevity (133 issues in 19 years) and for a consistent high quality of material from most of the top detective authors of the period.

3. Off Beat Detective Stories

Known for its longevity (133 issues in 19 years) and for a consistent high quality of material from most of the top detective authors of the period.

4. Snappy Mystery Stories

Known for its longevity (133 issues in 19 years) and for a consistent high quality of material from most of the top detective authors of the period.

弹性元素堆叠显示成分栏状。每一个 article 元素都有一个序号，我们可以通过调整它们各自的 oreder 属性，来调整它们的位置。

也许你会好奇，为什么要使用 display:flex，尤其是块级元素默认都会这么显示，但是我们的确需要这个属性，以便于我们可以方便地改变里面元素的展示顺序。好吧，让我们继续，使用 order 属性，让最后一个 article 元素显示到第一个。需要注意的是，order 属性不同于其他的弹性属性，它没有 flex- 的前缀。

```
.item:last-of-type {
order : -1; }
```

每一个弹性元素都有一个 order 初始默认值(0),所以不必每个都设置。任何一个 order 值都是从这组元素结尾开始计算的.所以在上面例子中，我们给 order 设置为 -1，来让最后一个元素显示在本组的最前面。

如果我们打算给所有元素都设置 order 值，除了特定效果，其他值都为 1，如下所示。

```
.item {
order : 1; }
```

4. Snappy Mystery Stories
Known for its longevity (133 issues in 19 years) and for a consistent high quality of material from most of the top detective authors of the period.

1. Police Detective Cases
Known for its longevity (133 issues in 19 years) and for a consistent high quality of material from most of the top detective authors of the period.

2. The Spicy Detective Magazine
Known for its longevity (133 issues in 19 years) and for a consistent high quality of material from most of the top detective authors of the period.

3. Off Beat Detective Stories
Known for its longevity (133 issues in 19 years) and for a consistent high quality of material from most of the top detective authors of the period.

使用 order 属性调整了元素的展示顺序，并没有改变 DOM 中的元素顺序，这一点对于 SEO 和无障碍阅读很有帮助。

给一组弹性元素设置一个小数字，这让给每个元素分别设置 order 值成为了可能，这种做法与通过调整 HTML 源代码的顺序大相径庭。

```
.item:nth-of-type(1) {
order : 3; }

.item:nth-of-type(2) {
order : 4; }

.item:nth-of-type(3) {
order : 1; }

.item:nth-of-type(4) {
order : 2; }
```

让我们忘记这些小案例吧，继续看看 flexbox 顺序属性到底能为我们带来什么惊喜，我已经迫不及待地开始想象：为不同尺寸的屏幕制作响应式页面，当触发响应变化阈值时，动态调整页面段落的顺序，以便为用户提供更好的体验。

3. Off Beat Detective Stories

Known for its longevity (133 issues in 19 years) and for a consistent high quality of material from most of the top detective authors of the period.

4. Snappy Mystery Stories

Known for its longevity (133 issues in 19 years) and for a consistent high quality of material from most of the top detective authors of the period.

1. Police Detective Cases

Known for its longevity (133 issues in 19 years) and for a consistent high quality of material from most of the top detective authors of the period.

2. The Spicy Detective Magazine

Known for its longevity (133 issues in 19 years) and for a consistent high quality of material from most of the top detective authors of the period.

使用 `nth-of-type` 这样的伪类选择器，能够精准地捕捉到元素，而不用额外外挂 `id` 或者 `class`。

order 属性实战

我在开发响应式网站时，经常需要改变页面元素的显示顺序，比如在我想改变某个网站导航在页面里的显示位置的时候。通常，一个网页大体的 HTML 源码差不多都如下所示。

```
<header> […] </header>
<nav> […] </nav>
<section> […] </section>
<footer> […] </footer>
```

为什么我们需要调整 `header` 或者 `footer` 的显示顺序？虽然讲不出什么大道理，但是我见过大量的案例，比如，为了照顾使用小屏手机的用户，而将导航栏从页面顶部调整到页面底部，这样，用户在看完长长的一篇文章后，不必再滑动很久回到顶部找导航。

`order` 属性正是完美实现这种体验的属性，所以我们首先给页面的 `body` 标签设置一个 `display:flex`，把它变为一个弹性容器。它包含的元素会按垂直方向排列，我们同时定义 `body` 标签的 `flex-`

direction 值为 column。

```
body {
display : flex;
flex-direction : column; }
```

接着，我们给每个弹性元素设置它们的 order 值。

```
header {
order : 1; }

nav {
order : 2; }

section {
order : 3; }

footer {
order : 4; }
```

弹性元素按照源代码
里的顺序排列显示，
所以这是一个单纯演
示order效果的例子。

我们可以交换 nav 元素和 section 元素的展示位置，将导航栏显示在 section 与 footer 之间，这在小屏手机上会让布局看起来更友好。

```
nav {
order : 3; }

section {
order : 2; }
```

调整 nav 元素的显示位置，就算用户
使用小屏手机访问页面，也不必为了
回到页面上方找到导航而频繁滚屏。

这个变化对小屏手机用户的确很有帮助。但是在大型显示器上，又有
多少用户会在页面底部找导航呢。对于这样的用户，以及使用中等屏
幕的用户，你需要在一个媒体查询中重置 order 值。

```
@media (min-width: 48rem) {
nav {
order : 2; }

section {
order : 3; }
}
```

为中等和大屏用户重置
order 值。

跨浏览器 flexbox 布局

flexbox 布局有一个悠久且势头良好的发展过程，它的语法经过了数次的迭代和修订。如果本书是两年前写的，我可能会鼓励大家尽可能使用浏览器私有前缀属性，以便弹性布局能够兼容不同的浏览器。

幸运的是，当前几乎所有的现代桌面和移动浏览器对于 flexbox 布局的支持鲜有差异。除非，你的网站或者 APP 仍然需要考虑老旧的浏览器，如 IE11、OS X 之前的浏览器，以及 iOS 下的 Safari8，否则几乎完全无需写额外的浏览器私有前缀。在我的公司，我们只在客户要求支持一些老旧浏览器的时候，才使用 -webkit- 前缀属性以及一些其他的 hack 方法。下面是一个有代表性的弹性布局声明，带前缀的属性在最前面，后面跟着标准语法。

```
.hb-shelf {
display : -webkit-flex;
-webkit-flex-direction : column;
-webkit-flex-wrap : wrap;
display : flex;
flex-direction : column;
flex-wrap : wrap;
flex : 1; }
```

Autoprefixer

像很多人一样，我很少手工书写如此之多的私有属性。取而代之的，我会使用 Autoprefixer 工具，它是可以自动为 CSS 添加可用、有效的私有前缀。它运行在命令行模式下，不过如果你也有终端恐惧症，你也可以在网上找到编译好的可视化版本，比 Codekit。

Modernizr

Modernizr 是一款强大的特性嗅探库，在本书第一版中，它扮演了非常重要的角色。它会根据浏览器的分级支持情况，检测每个浏览器可用的弹性布局语法，从最开始的草案版本到最新的版本，并给 class 增加相应的样式名。我们可以利用这些样式，来区分对待现代浏览器和老旧浏览器。

```
.hb-shelf {
display : flex; }

.no-flexbox .hb-shelf {
display : table; }
```

尽管相较于五年前，我们现在无需那么频繁地使用 Modernizr 来做前沿的 CSS 属性支持检测，但它仍然是为老旧浏览器做弹性布局的神器。

打破传统

早年间使用 CSS 进行页面布局限制颇多，令人沮丧，同行们也是感同身受。那时候，无论如何也无法设计和开发出和今天相媲美的网站或 APP。长久以来，我们急需一个可以灵活的布局方式，好在我们今天拥有了 flexbox 技术，以及如此众多的现代浏览器可以支持它。

flexbox 技术利用众多属性，让响应式设计更加柔性和灵活，但是我们不应止步于此。就像钻研技术一样，我们也应该借由 flexbox 这样的特性，充分发挥创造力。

响应式字体

2006 年的时候，信息架构师 Oliver Reichenstein 就说过，"网页设计 95%
在于字体"。我不敢完全确信他的观点，但我每天浏览的网页确实都是
由文字组成。当本书第一版出版的时候，那时候人们使用的字体库数
量非常有限，基本上都是 Arial、Georgia、Times 和 Verdana 这些常见
的字体。由于缺乏好看的字体，网页设计其实很无聊。幸运的是，自
五年前起，网页排印水准已经有了很大的提升，设计师可以在丰富的
字库和字形不再受限于简单的字体，现在我们称它为 web font（在线
字体）。

在线字体简史

在 20 世纪 90 年代，微软和 Netscape 开发的浏览器允许在网页中嵌入
字体。由于这两家公司是竞争关系，要使用这些字体并不容易。我清
晰地记得，我曾尝试使用它们互不兼容的 TrueDoc 和 EOT 格式，但几
乎都失败了。我打赌，很多年轻设计师都没听说过 Netscape 浏览器，
这简直暴露了我的年龄。

Netscape 在和微软的浏览器大战中失败了，微软的 IE 浏览器仍支持字
体嵌入，但它的 EOT 格式不被其他浏览器厂商支持。十年，整整十年，
在线字体都没什么发展，直到苹果公司的 Safari3.1 的出现。Safari3.1
是第一个支持 TrueType 和 OpenType 格式的浏览器。Mozilla 和 Opera
随后也支持这两种字体类型。后来，谷歌开发出 Chrome 浏览器，安卓
系统面世，苹果开发了 Safari 和 iOS 系统，自此，它们都支持在线字体了。

在线字体有用么？

在线字体提供了一种可以使用更多字体的方式。随着现代浏览器支持
在线字体，设计师创作的丰富字体可以给用户带去更好的体验。

实现在线字体很简单，当使用它们的时候，文本仍然便于选择和搜索。
要使用在线字体的话，需要做三个准备工作。

选择浏览器能识别的字体文件。我们可以使用任何有版权或者免费的字体。

在样式表开头需要一个 @font-face 声明。需要定义 font-family 名，还有字体的格式（下面的例子是 WOFF2 格式），下面是一个简单的声明。

```
@font-face {
font-family : 'Aller Light';
src : url('fonts/aller_std_lt.woff2') format('woff2');}
```

类属性可以应用到 id、class、child、attribute 和 pseudo- 或者任何类型的选择器上。我们来试一个老练风格的顶级 heading。

```
h1 {
font-family : Eastmarket; }
```

我们很快就能搞定嵌入式的在线字体语法和细节。

在线字体格式

使用比较广泛的在线字体格式有六种：EOT、OpneType、SVG、True Type、WOFF 和 WOFF2。不同的浏览器支持部分字体格式。我们选择的字体格式依赖于浏览器支持。越新的浏览器，我们需要的格式越少。相反的，如果浏览器版本越老，我们可能需要提供多种字体格式。

嵌入式 OpenType（EOT）

嵌入式字体格式是微软公司开发的在线字体技术。EOT 在 TrueType 上有一层封装，这使得它更难下载、提取和重用嵌入式字体。不过至少在理论上维护字体授权变得更加容易了。微软公司在 2007 年就把 EOT 提交给 W3C 工作组，不过 EOT 至今都不是标准的一部分。

OpenType（OTF）

OpenType 是 TrueType 的一个扩展，它在字体控制方面做得更好，提供超过 65000 种不同的字形，并且能更好地渲染手写体。

SVG

SVG 根本不是个字体格式，它是一种创作可缩放矢量图形的技术。我们可以将字体信息放入 SVG 文档中，然后和其他格式一样使用。我们可以使用 Font Squirrel 在线字体生成器来把字体转换为 SVG 格式。像 Typekit 这种在线字体服务商也提供 SVG 格式字体。

TrueType（TTF）

苹果公司在 20 世纪 80 年代开发出了 TrueType 格式，作为其 PostScript Type 1 格式的替代品。TrueType 字体类型的所有信息，包括字边距和微调信息都放入一个文件里面，这会使得一些 TrueType 文件很大，并不适合用于在线字体。

Web Open Font Format（WOFF）

WOFF 不是严格的字体格式，它对 TrueType 和 OpenType 字体进行了封装，并且在网络传输上做了优化，这样它传输的文件更小，更加适合网络传输。因为 WOFF 包含了所有权信息，这样它对那些关注知识产权的字体创造者来说就更具吸引力。

WOFF2

WOFF2 是 WOFF 的最新版本，压缩比例更高，因此更适合移动设备。WOFF2 显然是将来在线字体的标准，并且不久后应该是我们需要的唯一的标准。

在样式表里面包含 @font-face

在我们的样式表里面使用在线字体，首先要指定字体文件的名字，然后是它的位置。我们先从 Font Squirrel 下载 Aller Light 字体文件。Aller Light 是本书英文原版的正文使用的字体。

```
@font-face {
font-family : 'Aller Light';
src : url('fonts/aller_std_lt.woff2') format('woff2'); }
```

上个例子中，我们只使用了 WOFF2 格式，理想情况下这就足够了。令人伤心的是，现实世界并不是这样的，即使今天，某些最现代的浏览器也不支持 WOFF2，比如 iOS 和 OS X 上面的 Safari 浏览器。为了能使用，我们不得不加入 WOFF 格式，绝大部分浏览器都支持这个格式，除了 Opera Mini。两个格式使用逗号分隔开。

```
@font-face {
font-family : 'Aller Light';
src : url('fonts/aller_std_lt.woff2')      format('woff2'),
url('fonts/aller_std_lt.woff') format('woff'); }
```

为了广泛支持老旧的浏览器，安卓还有 iOS 系统的 Safari 浏览器，我们在声明中加入 TrueType 格式字体。

```
@font-face {
font-family : 'Aller Light';
src : url('fonts/aller_std_lt.woff2') format('woff2'),
url('fonts/aller_std_lt.woff') format('woff'),
url('fonts/aller_std_lt.ttf') format('truetype'); }
```

为了能够完全支持 font-face，包括那些老旧的微软 IE 浏览器，我们也需要把 EOT 格式加入到声明中。

```
@font-face {
font-family : 'Aller Light';
src: url('aller_std_lt.eot');
src: url('aller_std_lt.eot?#iefix') format('embedded-opentype'),
url('aller_std_lt.woff2') format('woff2'),
url('aller_std_lt.woff') format('woff'),
url('aller_std_lt.ttf') format('truetype'); }
```

把新的 @font-face 声明放在样式表的顶部，下面的任何声明都可以用到。font-family 不一定要和文件名一致，我们只是为了方便在样式表里面引用。这个字体在字体库里面应该是第一次出现，后面跟着系统中已存在的字体。

```
body {font-family : 'Aller Light', Helvetica, Arial, sans-serif; }
```

通常，在系统里安装字体备份是很有必要的，因为我们不能总是依赖浏览器加载字体库，同样我们不能保证在线字体服务总是 100% 可用的。

在线字体与性能

在实现设计的时候，我们可能会多尝试几款在线字体。但必须记住，每多使用一款在线字体，用户在浏览网页时，浏览器就会多下载一个文件，网页也因此变得越来越笨重。所以，要考虑清楚哪种在线字体是必需的。

字体文件通常比较大，因此在线字体给设计师和开发者需要考虑性能问题。许多浏览器在完全加载在线字体之前，会隐藏文本内容，这意味着用户盯着空白页的时间长达三秒。如果字体没有加载成功，浏览器会停止下载字体文件，从而采用系统默认的字体。

高分辨率显示下的字体设计

毫无疑问，随着苹果公司开发出 Retina 高分辨率屏幕（首次出现在 iPhone4 上，然后是 iPad、MacBook Pro，还有 5K iMac），类似的智能手机屏幕以及 PC 设备紧随其后，使得 Web 设计师和开发者的工作变得更加复杂。我们不仅要考虑为这些高分辨率设备提供不同尺寸的图像，还要考虑在不同分辨率情况下的字体渲染问题。

我们不确定每个人都使用高分辨率设备来阅读我们的文本，所以测试文本在不同分辨率上的显示效果是十分重要的。上方是 iPad Mini Retina 高清屏幕；下方是低分辨率的 iPad Mini 屏幕。

带有弧形的细线字体在高分辨率屏幕上的显示效果惊人，但在分辨率低设备上的显示效果会非常拙劣。

当我们使用细线字体的时候，首先需要考虑跨分辨率设备上的渲染效果，这是一个好习惯。如果有必要，给屏幕提供不同粗细的字体：为高分辨率屏幕使用细线字体；为低分辨率屏幕提供粗线字体。我们可以使用 min-resolution 媒体查询来解决。

首先，设定好低分辨率屏幕上的在线字体，在本例中，我们使用正常权重的 Aller typeface 字体。

```
body {
font-family : 'Aller Regular', Helvetica, Arial, sans-serif; }
```

下面我们设定好最小分辨率的阈值：192dpi，同时，Aller 字体也用更细一些的。超过 192dpi 分辨率的设备将会使用更细的 Aller Light 字体。

```
@media
(min-resolution: 192dpi) {
font-family : 'Aller Light', Helvetica, Arial, sans-serif; }
```

目前 Mac OS X 和 iOS 系统上的 Safari 浏览器使用的并不是标准属性，而是带设备前缀的 max-device-pixel-ratio 替代属性，所以我们需要在类型声明中加入这个属性，以便支持苹果设备。

```
@media
(-webkit-min-device-pixel-ratio: 2),
(min-resolution: 192dpi) {
font-family : 'Aller Light', Helvetica, Arial, sans-serif; }
```

在例子中，我们指定了 dpi，低分辨率的传统屏幕一般是 72dpi，但打印或印刷通常需要更高的 dpi。dpi 并不是唯一的分辨率单位，我们还可以使用以下两种。

- dpcm：每厘米点数

- dppx：每像素包含点数

IE9 到 IE11 只支持 dpi，在我写这本书的时候，Opera Mini 也是只支持 dpi。

在线字体源码

现在来说，对于在线字体的授权和服务，我们有很多的选择。但在过去的五年里，许多字体制造和销售商只在网络上放出授权版本。例如，

Hoefler&Co 公司开发了著名的 Gotham、Knockout 和 Whitney 字体，等等。要在桌面或网络上使用这些字体，是需要付费的。

Adobe Typeki 和 Fontdeck 都是著名的字体服务商，它们提供了丰富的字体库，这些字体库来自许多设计师和字体公司。

Typekit 和 Fontdeck 的收费模式不同：Fontdeck 采用年费制；Typekit 则提供了几款免费字体，但若要想使用更多字体库，就要付费，或者购买 Creative Cloud 服务。

像 Font Squirrel 这样的免费在线字体资源网站越来越受欢迎，Font Squirrel 还提供了转换工具，帮助用户将桌面字体转换为在线字体。这套工具很实用，但在使用的时候需要检查转换字体的用户许可协议（EULA）。

最后，谷歌提供了一个小巧但是很有用的字库选择。

在线字体的 404 风险

我希望前面介绍的在线字体的内容没有让你感到迷惑。下面我们利用所学知识，来开发一个我们示例网站的 404 页面。这个页面使用两种在线字体、一张图片和一个使用 CSS 实现的滴溅效果（splatter）。不要担心，某些 CSS 属性浏览器是不支持的。我们只要确定每个人都能得到合适的体验就行。

这个设计没有太多标记，只有两个部分，一标题和一对段落。

```
<div class="splatter">
   <div class="splatter__content">
      <h1 class="splatter__heading">404</h1>
      <p class="splatter__lead">You dumb mug!</p>
      <p>You can look all you want, but what you're looking for
just ain't here. Did you click a link that I bumped off? Maybe
that page is hot? Either way,don't be a bunny.</p>
   </div>
</div>
```

我们的第一项工作是设置一个红色背景图，通过设置一个最小高度来保证这个滴溅效果始终可见。

混合使用在线字体、图像和霸气的效果，这个 404 页面竟然让用户流连忘返。

```
.splatter {
min-height : 900px;
background-image : url(blood.png);
background-repeat : no-repeat;
background-position : 50% 0; }
```

保持内容水平居中，内容足够宽正好能放入大标题，小屏幕也要正好合适。

```
.splatter__content {
width : 280px;
margin : 0 auto; }
```

现在设置两种字体——ChunkFive 和 Boycott。我们使用三种格式：TrueType、WOFF 和 WOFF2。

```
@font-face {
font-family : 'ChunkFive';
src : url('fonts/chunkfive.woff2') format('woff2'),
```

```
url('fonts/chunkfive.woff') format('woff'),
url('fonts/chunkfive.ttf') format('truetype'); }

@font-face {
font-family : 'Boycott';
src : url('fonts/boycott.woff2') format('woff2'),
url('fonts/boycott.woff') format('woff'),
url('fonts/boycott.ttf') format('truetype'); }
```

我们使用白色的 ChunkFilve 字体来制作标题。

```
.splatter__heading {
font-family : ChunkFive;
font-size : 16rem;
text-align : center;
color : rgb(255,255,255); }
```

接下来，我们为下面的两段文字使用浅灰色的 Boycott 字体，以凸显上面的标题。

```
p {
font-family : Boycott;
font-size : 1.6rem;
text-align : center;
color : rgb(224,224,224); }
```

到此，我们就完成了在线字体兼容的设计了。

```
.splatter__lead {
font-family : ChunkFive;
font-size : 3rem;
text-transform : uppercase; }
```

WebKit 属性实验

过去，浏览器厂商也开发了一些实验性质的属性，这些属性带有私有前缀，即使它们没有可能成为标准，但在一些视觉设计中加入它们会非常有用。我们使用 Webkit 前缀属性——-webkit-text-stroke——来装饰文字，然后看下在 Chrome、Safari 和 Opera 中的渲染效果。

```
.splatter__heading,
.splatter__lead {
-webkit-text-fill-color : transparent;
-webkit-text-stroke : 4px rgb(255,255,255); }
```

在使用某些还未成为标准的 CSS 实验属性的时候，我们应该小心谨慎一些。

文本阴影

在扁平化设计更受欢迎的今天，文本阴影被认为是一种过时的效果。但为了提升复杂背景中的文字可读性和深度，文本阴影 text-shadow 影仍不失为一种有效的方法。

```
h1 {
text-shadow : 2px 2px 0 rgb(204,211,213); }
```

我们来打破 text-shadow 的规则。

第一个 2px 是阴影的水平偏移量，第二个 2px 是阴影的垂直偏移量。在这个例子中，这两个值是一样的，可以根据效果改变。值越大，阴影就离文本越远。

第三个值我们设定的是 0，这是模糊半径。值越大，模糊半径越大，阴影越浅。

最后的是设定阴影的颜色。我们可以设定半透明或者不透明颜色。如果你对 RGB 颜色不熟悉，可以参考后面的章节。

My Gun Is Quick

在这个例子中，我们仅为文本添加一个主要阴影效果。

下面我们把垂直偏移改成 3px，模糊半径改成 6px，使阴影变得更柔和。

```
h1 {
text-shadow : 2px 3px 6px rgb(204,211,213); }
```

My Gun Is Quick

主要阴影比较柔和，这是因为我们将模糊半径从 0 调整为 10。

文本阴影的偏移可以设置成负值。我们把垂直偏移改成 -5px，就好像向下移动光源，使阴影移动到文字上方。

```
h1 {
text-shadow : 2px -3px 6px rgb(204,211,213); }
```

My Gun Is Quick

通过改变水平和垂直偏移量，可以将阴影调整到文字的任何一侧。

多重阴影

我们可以设置多重阴影，来让文本的显示效果更加自然。多重阴影效果使用逗号隔开。

```
h1 {
text-shadow :
2px 2px 0 rgba(125,130,131,.75),
2px 5px 10px rgba(125,130,131,.65); }
```

我们可以通过设置三种阴影效果来创建三维文本。下面我们在文本上面使用白阴影，在文本下面使用两种黑色阴影。

```
h1 {
text-shadow :
2px 2px 0 #0f2429,
2px 5px 10px rgba(15,36,41,0.5),
2px -2px 5px rgb(56,143,162); }
```

text-shadow 可以用来创建各种各样的效果，当与在线字体共同使用的时候，我们就无需再使用大量的文字图像。

打破传统

经历了十年的期望和挫折，在线字体终于来了。随着 Fontdeck、Adobe Typekit、Font Squirrel 以及谷歌这样的字体资源库越来越成熟，我们再也不需要那些受限的字体了，现在我们可以使用任何我们想用的。我们可以在当今的浏览器中轻松地部署和应用在线字体。尽管浏览器在处理字形的方式上不太相同，但在网站和应用中有什么理由不使用它呢？

RGBa 和不透明度

在 CSS 中，有很多方法来定义一个颜色：比如颜色名、十六进制值、RGB/RGBa 或者 HSL/HSLa 都可以。无论选择哪种方式手机上、平板上、PC、Mac，甚至电视上展现出来的效果，都是由红（R）绿（G）蓝（B）三种基础颜色混合得来的，它们经常用 24bit 表示。

在 24bit 的 RGB 中，0 意味着最暗，255 则是最亮。当红绿蓝三个通道全是 0 时，展现为黑色；当三个通道都是 255 时，展现为白色。通过组合，这三个通道能表示 1600 万种颜色。

使用 RGB

打开 Photoshop 或者 Sketch 的拾色器，它们看起来都是类似的，都是用十六进制值来表示。#ffffff 表示白色，#000000 表示黑色。

```
a{
color: #388fa2; }
```

在 CSS 里面，可以使用 RGB 来表达相同的蓝色。首先，声明一个颜色空间，然后在括号里面写下红绿蓝颜色的值，这些值是 0 到 255 之间。

```
a {
color : rgb(56, 143, 162); }
```

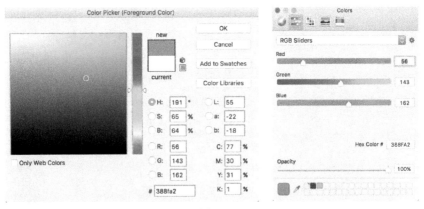

我为网站链接所选择的蓝色，其十六位进制值为 #388fa2。

你可能会问，为什么我选择使用 RGB，而非十六进制数字？实际上没有什么技术上的原因，毕竟我们眼睛看到的颜色是由 RGB 组成的。所以，当我们为样式表选择颜色的时候，十六进制值是很难理解的。我现在问你，#003399 是个什么颜色？很困惑吧？

当理解了每个通道的意思之后——0 代表没有颜色，255 代表颜色最深——RGB 就变得简单了，我们只需要在每块上选好颜色就可以了。

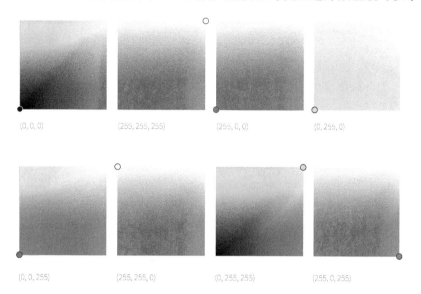

使用 RGBa 给颜色分层

在艺术学校的时候，我就不是敏感的学生，你可能猜到我想要说什么了。而我的朋友 Ben，就特别聪明，他使用了几百层的颜色创作出十分绚丽的作品。在 CSS 里面，RGBa 同样可以帮助我们来调节颜色和增加深度。

RGBa 是红绿蓝和 alpha 通道的简称。alpha 是一个介于 0 和 1 之间的值，用来表示不透明度。如果你使用过 Photoshop 或者 sketch，你应该使用过 alpha 不透明度。

在 Get Hardboiled 网站上，背景面板颜色的不透明度是 0.95。通过增加一个 alpha 通道，让 RGB 变成 RGBa。

```
.item__description {
background-color :
rgba(223,225,226,0.95); }
```

在 Sketch 中，将图层
设置为半透明。

通过使用 RGBa 来改变颜色的不透明度，这让设计变得优雅起来。

RGBa 与 opacity

我们还有一种 CSS 属性能让元素变得半透明，那就是 `opacity` 属性。

调整透明度很简单，你可以
在 Photoshop 或 Sketch 中
轻松设置。

在 CSS 中，RGBa 和 `opacity` 都调节 alpha 通道，但它们之间还是有区别的。RGBa 只调节一个元素的上的不透明度，而 `opacity` 透明度是继承的，它可以影响它的子元素。为了证实这一点，我使用我的网站上的面板来看下效果。

左图使用 `opacity` 属性的时候，文本也变得半透明了；右图使用 RGBa 的时候，只有背景变为半透明了，文本却没有。

opacity 让我们变得?

我们回到 Get Harboiled 网站，用八张图的网格来隐藏一个秘密。

Eight books by Dashiell Hammett

我们将使用绝对定位和不透明度来隐藏网格中图像的信息。

为了创建这个界面，我们需要使用一点专业的 HTML 技巧。首先使用一个包含所有组件的容器。本书中所有的例子，都会使用这个 hb 前缀，这样你就能很容易地将其识别出来。

```
<div class="hb-target"> […] </div>
```

为每个组件添加一个 item 的 class 属性，然后给每个 item 设置一个 id，以便我们在后面能区分它们。

```
<div class="item" id="hb-target-01"> […] </div>
<div class="item" id="hb-target-02"> […] </div>
<div class="item" id="hb-target-03"> […] </div>
<div class="item" id="hb-target-04"> […] </div>
<div class="item" id="hb-target-05"> […] </div>
<div class="item" id="hb-target-06"> […] </div>
<div class="item" id="hb-target-07"> […] </div>
<div class="item" id="hb-target-08"> […] </div>
```

然后为每个 item 增加两个属性，一个是 img 属性，另一个用来包含内容简介或者其他信息。

```
<div class="item" id="hb-target-01">
    <div class="item__img">
        <img src="target-01.jpg" alt="">
    </div>
    <div class="item__description">
        <h3 class="item__header">The Scarlet Menace</h3>
        <ul class="list--plain">
                <li>Vol. 1 Number 3</li>
                <li>Issue #3</li>
                <li>May '33</li>
        </ul>
        <a href="cart.html" class="btn">Add to cart</a>
    </div>
</div>
```

我们的设计需要在不同尺寸的屏幕上都能是呈现良好的效果。小屏幕的一般是移动设备，为了让手机 APP 加载得更快，我们应该设定好 CSS 的最小屏幕尺寸值。

设计网页的时候，最好先检查下，考虑好最小的屏幕触发值是多少。

对于小屏设备，我们的目标是尽可能降低网页得复杂性，所以我们的设计要更加简单，而且现代化。我们使用 flexbox 来围绕图像和文字。

```
.item {
display : flex; }
```

现在，给我们的组件增加一些边距，让它们彼此分开，然后为图片增加一些边框。

```
.item {
margin-bottom : 1.35rem;
```

```
padding: 10px;
border: 10px solid rgb(235,244,246); }
```

对小屏设备来说，设置 `flex-basis` 属性来修饰图片是很合适的。然后在左边增加一些外边距，有助于分离图像和内容简介。然后给图片增加边框，这是我们的设计风格。

```
.item__img {
margin-right : 20px;
flex: 0 0 133px; }

.item__img img {
border: 10px solid rgb(235,244,246); }
```

我个人非常喜欢 flexbox，它使用起来很简单，几行代码就能让 HTML 标记变成好看的侦探小说列表，即使在大屏设备上也一样有好看的显示效果。我们肯定可以做得更好。下一章节中，我会告诉你如何把列表变成交互式的，通过改变不透明度来隐藏内容简介。

Eight books by Dashiell Hammett

Dead Yellow Women

The Op is hired by a wealthy Chinese-American woman to investigate a robbery-murder-kidnapping that occurred at her San Mateo County mansion.

ADD TO CART

The Maltese Falcon

"The Maltese Falcon," first published as a serial in the pulp magazine Black Mask, is the only full-length novel in which Spade appears. The novel's atmosphere is dense as a San Francisco fog, and its descriptions of locations are so accurate that many can been pinpointed on a map

ADD TO CART

A Man Called Spade

Sam Spade is a fictional private detective and the protagonist of Dashiell Hammett's 1930 novel, "The Maltese Falcon." Spade also appeared in three lesser-known short stories by Hammett.

ADD TO CART

我们的设计在小屏设备上
既简单又时尚。

flexbox 内容对齐

在弹性盒子案例中，我们围绕 flex-item 主轴来做布局。与调整文本块的左对齐、居中或者右对齐一样，我们也可以通过 justify-content 属性来调整弹性容器中的内容。

```
.item {
justify-content : flex-start; }
```

当我们需要以不同的方式，调整文本的对齐方向时，也可以设置 flex-end 来实现，它会将文本对齐在与 flex-start 刚好相反的方向。当 flex-direction 设置为 row 的时候，flex-end 值会把文本对齐在容器右侧。而当弹性布局方式设置为 column 的时候，它会在容器底部对齐。我猜你应该已经猜出，居中对齐该如何做了吧？

尽管 flex-start 是默认初始值，我们也不应该频繁的声明这个属性。

使用声明值为 flex-end 的 justify-content 属性，我们可以在主轴上方便改变内容展示。

还有两个值你可以比较少见到。一个是 space-around，一个是 space-between。使用 space-between，伸缩项目会平均分布在行里。如果剩余空间是负数，或该行只有一个弹性元素，则此值等效于 flex-start。

使用 space-around，flex-item 会沿主轴均匀分布。

在其他情况下，第一个项目在主轴起点边的外边距，会与该行在主轴起点的边对齐，同时最后一个项目在主轴终点边的外边距，与该行在主轴终点的边对齐，而剩下的弹性元素在确保两两之间空白相等的情况下。平均分布。

记住，弹性元素之间的间距是由浏览器来自动计算的。

适应更大的屏幕

针对小屏设备的专业 HTML 已经做好了，接下来我们为大屏设备设计高保真和交互式的体验。首先我们重建垂直列表，把八张小说封面放进一个网格里面，当用户点压它们的时候会显示小说的内容简介。只要使用相对定位就可以，不需要水平或者垂直位移。

```
@media (min-width: 48rem) {
.hb-target {
display : flex;
flex-wrap : wrap;
position : relative;
max-width : 700px; }
}
```

将 flex-items 的基础宽度设置为 130px，然后通过设置内边距，让它们看起来更均匀、水平和垂直。

```
@media (min-width: 48rem) {
.item {
display : block;
flex : 1 0 130px;
margin : 0 20px 20px 0; }
}
```

第四和第五个元素不需要右侧的外边距，所以通过 :nth-of-type 伪选择器来设置。

```
@media (min-width: 48rem) {
.item:nth-of-type(4) {
margin-right : 0; }
.item:nth-of-type(8) {
margin-right : 0; }
}
```

为了使这个界面加载的更快，我们可以使用每个图像两次：一次作为主网格，一次作为背景图 background-image。

现在，我们把注意力放到小说的内容简介上。我们把它绝对定位到每个元素左上方（`top` 和 `left`）。并且设置全透明，即不透明度为 0。

```
@media (min-width: 48rem) {
.item__description {
opacity : 0;
position : absolute;
top : 0;
left : 0; }
}
```

大功告成，每个内容简介都通过 `opacity` 隐藏起来，变成不可见的。

flexbox 垂直布局

每当谈起弹性布局，我希望你都能回想起这里我所介绍的内容，那就是，元素依靠着主轴、侧轴或者两者都有来布局。依靠浮动效果是做不到这一点的。到目前为止，我们只使用了主轴来布局，下面我们将使用 align-items 属性进行侧轴布局。

```
.item {
align-items : stretch; }
```

我们不需要经常来显示声明，因为 stretch 是默认值。

Kiss Me Deadly

Kiss Me, Deadly (1952) is Mickey Spillane's sixth novel featuring private investigator Mike Hammer.

The Big Kill

Drinking at a seedy bar on a rainy night, Hammer notices a man come in with an infant. The man, named Decker, cries as he kisses the infant, then walks out in the rain and is shot dead.

Vengeance Is Mine

Mike Hammer wakes up being questioned by the police in the same hotel room as the body of an old friend from World War II. His friend, Chester Wheeler, has apparently committed suicide with Hammer's own gun after they had been drinking all night.

沿着侧轴伸展，是 flexbox 最有用的特性之一。

`align-items` 和 `justify-content` 概念类似。`justify-content` 让内容在主轴上排列，而 `align-items` 让内容在侧轴上排列。弹性盒子有四个非常有用的属性。`flex-start` 让元素从元素的开头开始排列；`flex-direction` 定义了哪个是主轴。当 `flex-direction` 设置为 `row` 的时候，侧轴的起点就位于面板顶部；当设置为 `column` 时，侧轴的起点就位于面板左侧。

Kiss Me Deadly

Kiss Me, Deadly (1952) is Mickey Spillane's sixth novel featuring private investigator Mike Hammer.

The Big Kill

Drinking at a seedy bar on a rainy night, Hammer notices a man come in with an infant. The man, named Decker, cries as he kisses the infant, then walks out in the rain and is shot dead.

Vengeance Is Mine

Mike Hammer wakes up being questioned by the police in the same hotel room as the body of an old friend from World War II. His friend, Chester Wheeler, has apparently committed suicide with Hammer's own gun after they had been drinking all night.

Kiss Me Deadly

Kiss Me, Deadly (1952) is Mickey Spillane's sixth novel featuring private investigator Mike Hammer.

The Big Kill

Drinking at a seedy bar on a rainy night, Hammer notices a man come in with an infant. The man, named Decker, cries as he kisses the infant, then walks out in the rain and is shot dead.

Vengeance Is Mine

Mike Hammer wakes up being questioned by the police in the same hotel room as the body of an old friend from World War II. His friend, Chester Wheeler, has apparently committed suicide with Hammer's own gun after they had been drinking all night.

要实现这样的布局效果，元素要按照侧轴的结尾布局，这可能是很多设计者期待了很多年的东西。

当我们指定元素向中心 center 对齐，它们可能在垂直方向上居中对齐。然后结合 justify-content:center，这样我们就能使元素水平垂直居中对齐了。这比之前的布局要简单得多。

伪类选择器

通过使用 id，就可以在复杂零散的网页中来标识一个唯一元素。:target 伪类选择器改变了我们定位元素的风格。这是一种更专业的接口，我们可以不用 JavaScript，而是通过 :target 伪类选择器来定位。

接下来，我们通过 :target 伪类选择器改变了声明的样式属性。我们设定好内边距、背景和边框等，更重要的是，我们重置不透明度 opacity 为 1。

```
@media (min-width: 48rem) {
.item:target .item__description {
opacity : 1;
width : 100%;
height : 480px;
padding: 40px 40px 40px 280px;
background-color: rgb(223,225,226);
background-repeat : no-repeat;
background-position : 40px 40px;
border: 10px solid rgb(236,238,239);
box-shadow: 0 5px 5px 0 rgba(0, 0, 0, 0.25), 0 2px 2px 0 rgba(0,
0, 0, 0.5); }
}
```

为什么左边有一部分内边距？我们打算在这个地方放置背景图片 background-image 来填充。使用 :target id 来表示图像。

```
@media (min-width: 48rem) {
#hb-target-01:target .description {
background-image : url(target-01.jpg); }
#hb-target-02:target .description {
background-image : url(target-02.jpg); }
#hb-target-03:target .description {
background-image : url(target-03.jpg); }
#hb-target-04:target .description {
background-image : url(target-04.jpg); }
[…]
}
```

要完成这个设计，我们还需要隐藏内容简介的文字信息，并显示图像网格。因此，可以提供指向一个外部元素的链接来回到初始状态。

```
<a href="#hb-target"><img src="a-close.png" alt="Close"></a>
```

使用属性选择器来定位顶部右侧的链接。

```
@media (min-width: 48rem) {
a[href="#hb-target"] {
position : absolute;
top : -20px;
right : -20px;
display : block;
width : 26px;
height : 26px; }
```

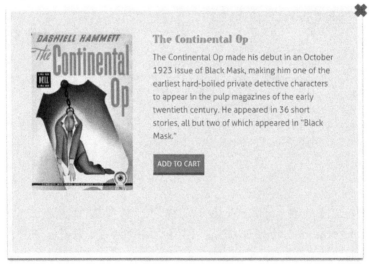

没有使用 JavaScript，仅仅用 opacity 和 :target 就完成了这个设计。

打破传统

设计不必是扁平化的，我们可以借助 RGBa 和不透明度特性来让设计更有深度。这些富有形式感的元素，可以跨越响应式的问题。与图形设计软件中的不透明度功能不同，我们可以使用 RGBa、opacity，还有一些简单的 CSS，来让我们的设计更加贴近生活。

第14章 # 边框

在设计师的世界里，边框是不可或缺的一部分，但是普通边框很难让用户兴奋起来。相比之下，CSS 边框可就不一样了，它们包含了一些属性，让设计师的创意有了用武之地。其中，`border-radius` 属性几乎可以为任何元素实现令人着迷的圆角效果。此外，还可以在边框里为图像使用 `border-image`。下面就让我们一起来研究一下。

带半径的圆角边框

圆角边框，可以用来制作不规则的形状，或者设计链接。它们看起来像是图标，也像去掉了锋利边缘的盒子。在过去，我们通过抠图来创建圆角。谢天谢地，现在不必那么麻烦了，因为使用圆角边框 `border-radius`，可以更简单地添加统一、不统一或者椭圆角边框。

制作链接按钮

通过使用 `border-radius`，我们可以通过 px、em 或者百分比为单位统一设置圆角。下面，我们来设置 Get Hardboiled 网站商店的链接，来让它看起来更像一个按钮。

```
<a href="cart.html" class="btn">Add to cart</a>
```

现在，我们将链接转化为一个按钮。我们加入内边距（当用户改变其浏览器的文字大小时，可以适当地缩放）、背景色和深色边框。

```
.btn {
padding : 1rem 1.25rem .75rem;
background-color: rgb(188, 103, 108);
border: 5px solid rgb(140, 69, 73); }
```

通过设置 `border-radius`，来使四个边角统一。

```
.btn {
border-radius : 1rem; }
```

单独设置每个边角

如果把内容简介框的每个角都设置为圆角，那么它看起来就与下面直角小说封面不相配。好在我们可以为每一个边角单独设置参数。

```
div {
border-top-left-radius : 1rem;
border-top-right-radius : 1rem;
border-bottom-left-radius : 0;
border-bottom-right-radius : 0; }
```

左图展示的是一个微小的问题，上方的圆角与下方的直角相遇在一起，视觉上不太自然；在右图中，根据实际情况调整边角，使小说封面和内容简介之间的关系更加和谐。

制作不规则图形

圆角并不一定都是圆的，我们使用成对的半径来实现椭圆效果。第一个设定水平半径，第二个设定垂直半径。使用下面的成对的值来使四个角都生效。

```
.h-card {
border-radius : 30px 60px; }
```

通过给四个角设置不同的 border-radius，可以创作出更加复杂的图形。

```
.h-card {
border-top-left-radius : 5px 30px;
border-top-right-radius : 30px 60px;
border-bottom-left-radius : 80px 40px;
border-bottom-right-radius : 40px 100px; }
```

属性简写

长长的一串 border-radius 属性值写起来很不方便，其实我们可以通过简写来获得同样的效果。

```
.h-card {
border-radius : 15px 30px 45px 60px; }
```

当需要简写椭圆的圆角的时候，可以使用斜杠（/）来分隔，如下所示。

```
.h-card {
border-radius : 60px / 15px; }
```

RGBa 半透明 box-shadow

通过使用 box-shadow 可以实现立体效果。box-shadow 的语法很简单，第一个值是水平偏移，第二个值是垂直偏移，第三个值是模糊半径，第四个值是 RGB 颜色。

```
.item__description {
box-shadow : 0 1px 3px rgba(0,0,0,.8); }
```

除非是头顶烈日，否则任何事物都会有多个阴影。通过设置多重 box-shadow，可以实现更立体的三维效果。多个阴影的值通过逗号分隔。

```
.item__description {
box-shadow :
0 1px 1px rgba(0,0,0,.8),
0 6px 9px rgba(0,0,0,.4); }
```

在自然环境下，事物会受到来自四面八方的光线的照射，所以你可以将 box-shadow 的水平和垂直偏移设置成正值或负值，来将阴影投向任何方位。

```
.item__description {
box-shadow :
0 -1px 1px rgba(0,0,0,.8),
0 -6px 9px rgba(0,0,0,.4); }
```

对于单个半径，它的值是顺时针设置的：左上（top-left）、右上（top-right）、右下（bottom-right）、左下（bottom-left）。如果我们省略了左下（bottom-left），右上（top-right）也会被省略。要单独实现椭圆的各个边角，可以分别设置每个角的水平和垂直半径，如下所示。

```
.h-card {
border-radius: 5px 30px 80px 40px / 30px 60px 40px 100px; }
```

为边框加上图像

当我写本书第一版的时候，设计边框只有几种选择：点状 dotted、虚线 dashed、实线 solid、双线 double、槽形 groove、脊形 ridge、内阴影 inset 和外阴影 outset。谁用过后面这四种？反正我没用过。

那时候，CSSborder-image 刚可以让设计师在边框上加入图像，只有位图、SVG 和 CSS 渐变格式。这个新的属性让我非常兴奋。毕竟，我们可以在任何元素边框上加入图像了，即使表格和列也可以（除非设置了忽略边框）。

那么 border-image 到底怎么用？你在网络上能看到大量巧妙的边框设计吗？并没有。当我问道谁在过去五年里使用过 border-image 时，我的 CSS 培训班中只有寥寥数人举起了手。

我对此非常好奇，因为即便 border-image 属性会带来新的挑战，但它对响应式设计却是非常有用的。

考虑到 border-image 复杂的语法可能会令人望而却步，因此我现在就来指导你如何使用。下面我们来用它实现一个博客评论框。

```
<div class="media h-review">
    <div class="media__figure"><img src="avatar.png" alt=""></div>
    <div class="media__content"> [...] </div>
</div>
```

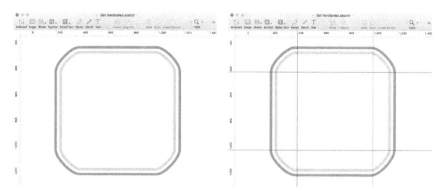

`border-image` 属性是拉伸或重复小图像的神器，以此设计各种尺寸的界面元素。它在流式布局和注重细节的移动端设计中特别有效。

border-image 切图

`border-image` 只占用很少的资源，仅仅通过 CSS 切图，就能设计出更大型的元素。除了使用图像软件切图，使用 `border-image` 也可以把图像切成 3×3 的九块。

60×60 像素的图像大小只有区区几个字节。我们可以使用它的四个角补充给任何元素的边角。左上对左上，右上对右上，一一对应。

`border-iamge-source` 属性指定了评论框图像的 URL 地址。在这种情况下，我们使用位图图像。

```
.h-review {
border-image-source : url(h-review.png); }
```

`border-image-slice` 规定了上、右、下、左边缘的元素向内偏移。

```
.h-review {
border-image-slice : 20 20 20 20; }
```

你会注意到，我们不需要增加 `border-iamge-slice` 属性值，因为我使用的是位图，所以浏览器会自动识别我们在使用像素。当我们浏览的时候，会覆盖其他类型的图像边框。

不要忘记设置边框宽度，否则就不会显示图像了。

```
.h-review {
border-width : 20px 20px 20px 20px; }
```

我们把图像切分为几个部分：四个边角、四条边和一个中心。

在博客评论的设计中，每条边设置为 20px，浏览器将顺时针应用这些值。

写这么多属性有些啰嗦，所以可以把 `border-image-source` 和 `border-image-slice` 整合到简写的 `border-image` 属性中，如下所示。

```
.h-review {
border-image : url(h-review.png) 20;
border-width : 20px 20px 20px 20px; }
```

重复的值可以组合在一起，甚至可以写成单个值，就像我们写 CSS 外边距和内边距的时候那样。

```
.h-review {
border-image : url(h-review.png) 20;
border-width : 20px; }
```

设置好 `border-image` 切片以及到元素边框的空白，浏览器就自动按照我们设置好的边角风格来呈现页面。

小边框图像的切片填充了博客评论框的边角。

当我们仅使用一个值的时候，这个值就会无差别地应用到四个边角。但当我们忽略了 `border-bottom` 值的时候，浏览器就会使用 `border-top` 作为唯一的值。同样，如果我们忽略 `border-left`，浏览器就会使用对应的 `border-right`。

我们切出来的图像和偏移不必都是对称的。图像分隔不必设置成到四个边角是等距离的。为每个切片设置独立的值，就可以实现边框的不对称效果。

```
.h-review {
border-image : url(asymmetrical.png) 10 20 40 80;
border-width : 10px 20px 40px 80px; }
```

不规则边框图像可以用来灵活应对设计需求，同时也减少了图像大小，提高网页加载速度。

边框风格

当在边框里放置图像时，我们要注意边框的四个角，因为在响应式设计中，我们也不知道每个元素的高度和宽度，所以在填充边框时，我们需要精心调整图像的平铺或拉伸。

stretch：当图像特别宽大或光滑，推荐使用拉伸来适应宽度。

```
.h-review {
border-image-repeat : stretch; }
```

边框图像铺满了边框。

repeat：如果边框图像有纹理，如噪点等，那么使用拉伸就不合适了，此时可能需要平铺来适应宽度。

```
.h-review {
border-image-repeat : repeat; }
```

边框图像通过平铺填充了边框。

round：如果某个图形既不能铺满，又需要边缘重复，那就可以使用
round。

```
.h-review {
border-image-repeat : round; }
```

调整切片大小以确保只有完整的切片来填充边框。

space：和 round 很像，只有整个切片在边框内显示时才使用 space。
浏览器会在平铺的图像间加入空白，而不是调整边框图像的大小。

```
.h-review {
border-image-repeat : space; }
```

平铺完整的切片，并在切片间添加空白，
这样整个边框就被均匀地填充了。

当我们需要为每个边框分别设置 stretch、repeat、round 或 space
的时候，可以设置多值属性。

```
.h-review {
border-image-repeat : stretch round; }
```

边框图像外延

有时候我们需要设置边框图像超出边框，这个时候使用 `border-image-outset` 属性就对了。最简单的方法是在各边均匀扩展 5px。

下方的边框比上方的边框扩展了 5px。

```
.h-review {
border-image-outset : 10px; }
```

当然，我们可以分别指定四个边框各自超出多少。

```
.h-review {
border-image-outset : 10px 0 10px 0; }
```

同样的，重复的值可以合并起来，就想之前提到的内边距和外边距一样。

```
.h-review {
border-image-outset : 10px 0; }
```

`border-image-outset` 属性可以接受任何常见的 CSS 长度值，包括 px、em、rem，甚至是 vh 和 vw。

中心填充

我们已经使用了四个边角和四个小图像，那剩下的中心部分怎么办呢？默认情况下，中心会被忽略，如果我们想使用的话，可以使用 `fill` 关键词来声明。

```
.h-review {
border-image-slice : 20 fill; }
```

Owen Gregory

With its dark, complex plotting, stark black-and-white photography,
concentration on the baseness of man, and a cynical mood
sustained to its still shockingly grim conclusion, this is the
prototypical film noir.

NOVEMBER 20TH, 2015 AT 7:30PM

使用小噪点图像平铺到背景中，填充博客评论框。

使用替代位图

边框图像非常适合实现响应式设计的需求，它允许我们使用最小的位图图像，也可以使用任何风格的边框。我们也可以使用矢量图 SVG，甚至是单纯的 CSS 渐变。在边框内使用矢量图的最简单方法是应用 `border-image-source`，和使用位图的方法几乎一样。

```
.h-review {
border-image-source : url(h-review.svg); }
```

这个方法得到了浏览器很好的支持，只要是支持 `border-image` 的浏览器，都允许我们将 SVG 设置为 `border-image-source`。

使用 CSS 渐变制作边框或许是最巧妙的替代方案，因为它给设计师带来了极大的创作空间，并且它几乎不会增加网页大小。它包含在样式表中，不会有额外的请求，这使得它非常适合响应式网页设计。

就算你以前没有使用过 CSS 渐变也不要担心，后面我们会详细讲。现在我们来使用渐变给边框添加斜纹。

```
.h-review {
border-image-repeat : repeat;
border-image-source : repeating-linear-gradient(-45deg, white,
white 3px, #ebf4f6 3px, #9Bc7d0 6px);
border-image-slice : 10;
border-width : 10px; }
```

平铺渐变的边框真是个完美的案例，`border-image` 和 `gradient` 这两个 CSS 属性组合使用可以让响应式设计更快、更有弹性。

当然，使用 `border-image` 和 `gradient` 还可以创造出更多效果，而要实现这些效果，其他 CSS 属性就力不从心了。在接下来的例子中，我们将会使用一个由上至下、由深变浅的蓝色线性渐变。

```
.h-review {
border-image-source : linear-gradient(to bottom, #9Bc7d0,
#ebf4f6 100%);
border-image-slice : 10;
border-width : 10px; }
```

为边框添加线性渐变可以让设计更具质感，这是其他 CSS 属性难以实现的。

渐变效果在元素的某个高度的位置由上至下变浅，当然，这个高度很大程度上取决于元素包含的内容大小。为了让渐变充满整个评论框，我们将渐变声明从变化的 100% 调整为一致的，但仍然是弹性的，8rem。

```
.h-review {
border-image-source : linear-gradient(to bottom, #9Bc7d0,
#ebf4f6 8rem); }
```

将渐变的值从百分比改为弹性单位 rem，渐变就可以从不同的元素高度开始一致的变化。

专业名片设计

在这一节，我们将用本章学习的边框图像来设计一张名片。花哨的 HTML 这里用不上，因为名片包含联系信息，所以使用 h-card 这种微格式就行了，如下所示。

```
<div class="h-card">
<h3 class="p-name">S.A.Fari</h3>
<p class="p-role">Web Inspector</p>
<h4>Checking all elements</h4>
<p>Dial <span class="p-tel">4.0.4 5531.21.10</span></p>
<p>Member of the WebKit team since 2006</p>
</div>
```

这可不是用硬纸板做的。那精致的边框是设计师敲键盘码出来的。

首先使用一个小的 PNG 图像，尺寸为 160×160 像素，只有 3Kb 大小。然后使用边框图像去装饰可以是无数不同尺寸大小的元素。

首先使用一个包含了四个边角和图案装饰的小图像，我们用它来装饰名片的边框。

首先我们设置一个辅助线作为指导，从我们用来修饰边框样式的图像的每一边各取 20px。然后我们再设定边框宽度，同样是 20px。

```
.h-card {
border-image-source : url(safari.png);
```

```
border-image-slice : 20;
border-width : 20px; }
```

到目前为止，原图像的四个角的装饰就被应用到名片的四个角了。那么边框呢？在这个错综复杂的设计中，我们必须谨慎地控制边框的呈现效果。

对于眼前的这个设计，`stretch` 肯定是不行的；而简单的 `repeat` 会导致图案与边角的不匹配；我们也不想使用 `space` 而在图案中引入空白。所以，我们应该选择 `round`。这将会轻微改变平铺图案的大小，因此只会显示完整的图案。为了提升设计的整体档次，成为一张超越平凡的名片，让我们来添加两个阴影：第一个更暗、更硬朗；第二个更亮、更柔和。

使用 `round`，我们让浏览器调整装饰图像，这样，只有完整的切片才能恰当地填充边框。

```
.h-card {
box-shadow : 0 2px 5px
rgba(0,0,0,.5),
0 20px 30px rgba(0,0,0,.2); }
```

改变边框图像宽度

到目前为止所有的 `border-image` 案例，边框宽度都是精确匹配切片图像宽度的，如果它们不一样会怎么样呢？

当我们改变边框的宽度，就可以控制图像能够显示的大小。为了看这个的效果，我们把边框的宽度减少到只有 `10px`，就可以观察到程序把图片缩小来匹配边框的新宽度。

```
.h-card {
border-image : url(safari.png) 20 round;
border-width : 10px; }
```

让边框的宽度大于切片大小会有相反的效果。增加边框的宽度，可以看到边框图像也随之变大了。

border-width : 30px;

border-width : 40px;

border-width : 50px;

border-width : 60px;

打破传统

使用 `border-radius` 或者 `border-iamge` 来制作椭圆、圆角边框，或者使用图像填充它们的时候，我们发现，CSS 其实很有意思。这些属性帮我们节省了时间、解决了普通的实现问题，为设计师提供了创造的空间。所以，你现在可以制作出更加专业的边框了！

背景图像

就在不久前，在一个元素上定义多个背景图像还是很难的，我们得十分蹩脚地使用 HTML 来还原设计稿。但是现在，几乎所有的现代浏览器都支持在一个元素上定义多个背景。我们还可以设置背景图像的原点和大小，这有助于我们展开新的创意。让我们开始使用多重背景特性进行设计吧。

多个背景图像

对于在一个区域里包含一个标题和一段文章的设计，我们会使用背景图像来实现。在过去，我们需要创建两个嵌套的元素，并分别定义不同的背景来实现。

```
<div class="left">
    <div class="right"> […] </div>
</div>
```

幸运的是，现在我们只需要使用一个 HTML 元素 section，给它定义两个背景图像就能实现这种效果。

```
<section> […] </section>
```

我已经为这个设计做了两个背景图像，一个定位到左边，另一个定位到右边。我们可以为这两个背景图像的指定相同的 background-image 值，只需要用逗号分隔开每个图像的路径。

```
section {
background-image :
url(section-left.png),
url(section-right.png); }
```

与此同时，我们也应该指定背景图像的位置和平铺方式，同样用逗号来分隔开它们。

```
section {
background-position : 0 0, 100% 0;
background-repeat : no-repeat, no-repeat; }
```

为了节省几个字节，我们也可以用样式缩写的方式，把图像路径、平铺方式和位置写在一起。

```
section {
background :
url(section-left.png) no-repeat 0 0,
url(section-right.png) no-repeat 100% 0; }
```

背景重叠

当多个背景图重叠在一起的时候，你可能会认为它们会遵循 CSS 定位的重叠顺序，后面的元素层级相对越高，或者说离用户的视线相对更近，如下所示。

```
section {
background :
url(background.png) no-repeat 0 0,
url(middle-ground.png) no-repeat 0 0,
url(foreground.png) no-repeat 0 0; }
```

那你就错了，第一张图像将会呈现在最上层，并且这样有很充分的理由。如果老版本浏览器不支持多背景图定义，它会在第一个逗号前阻塞，并只显示第一张图像。

```
section {
background :
url(foreground.png) no-repeat 0 0,
url(middle-ground.png) no-repeat 0 0,
url(background.png) no-repeat 0 0; }
```

border-box

我猜你学习 CSS 时首先学的是盒模型，甚至在这里就栽了跟头。因为在传统的盒模型中，元素大小包含了内边距和边框。

在一个宽和高都为 100px 的元素上定义 10px 的内边距值和 5px 的边框，那么它的宽度和高度将是 130px（100px + 20px + 10px = 130px），这是所有现代浏览器里的默认盒模型。在 CSS3 中，它被称为 content-box。

在固定宽度的设计中，这种传统的盒模型很少出问题，但是当我们开发响应式设计的时候就比较头疼了。因为 CSS 一直不能很好地混合使用固定单位和百分比单位的尺寸，比如 px 和 em。

例如，我们想象一个元素，它占满 100% 的浏览器窗口。如果给它 10px 的内边距值，这时它的宽度是多少？然后，再给它添加一条 5px 的边框，这时它的宽度是多少？之前处理这种问题时，我们都是嵌套一个使用像素 px 作为单位的元素，然后再使用百分比。

为了解决在同一个元素上混合使用像素 px 和百分比单位的问题，CSS 引入了另一种盒模型类型——border-box。border-box 可以使内边距值和边框值算进元素本身的尺寸里，而不是在元素本身尺寸上增加。这使得下面这个 section 在拥有像素 px 单位的内边距和边框时，依然可以使用百分比单位。

```
section {
width : 100%
padding : 10px;
border : 5px solid rgb(235, 244, 246);
box-sizing : border-box; }
```

这个例子中使用了 content-box，内边距和边框是添加到元素本身尺寸上的。

而使用 border-box 时，内边距和边框是算到元素本身尺寸里的。

border-box 的这些尺寸计算方式，是否能让我们绘制出预期的元素，其实在微软 IE6 浏览器之前的版本上是不行的。

背景裁剪

当一个元素同时拥有背景图像、背景色还有边框时，默认情况下，背景
会延伸到边框的下方，并延展到盒模型的边缘。CSS3 提供了 `border-box` 和 `background-clip` 这两个属性来控制这种行为。

```
.h-card {
background-image : url(h-card.png);
border : 10px dashed rgb(0,0,0);
background-clip : border-box; }
```

如果我们指定一个盒模型为 `padding-box`，那么任何背景色或者背景
图像都将在延伸到盒模型内边距的边缘后被裁剪掉，而不会延伸到它
的边框后面。

```
.h-card {
background-clip : padding-box; }
```

定义背景图像原点

你应该已经比较了解 CSS 里的 `background-position` 属性，浏览器
会在边框内部，将背景图像相对于元素内边距的边缘来定位。CSS3 以
`padding-box` 为基础，结合使用 `background-origin` 的多个属性值，
可以创造很多可能性。

`background-origin` 属性中的一种是，使背景图像相对于元素的边缘
来定位，甚至延伸到边框下面。它就是 `border-box`。

```
.h-card {
background-origin : border-box; }
```

使用 `content-box`，那么背景图像将会在元素的内边距以内，相对于实际内容的边缘来定位。

```
.h-card {
background-origin : content-box; }
```

背景图像的尺寸

大背景图像的处理是我经常头疼的事，过去我总是使用 Photoshop 来缩放背景图像。CSS 里有一个属性——`background-size`，它使我们能够控制背景图像的尺寸。这不仅可以节省时间，也为我们开启了一扇创意的大门。

`background-size` 属性接受水平和垂直两个值，这些值可以使用像素或者百分比，然后再加上一个可选的关键字 `cover` 或 `contain`。

```
.item__img {
background-size : 100% 50% contain; }
```

我们从一个元素开始，它的尺寸是 `310px×200px`，我们给它添加一个同样尺寸的的背景图像。

```
.item__img {
width : 200px;
height : 310px;
background-image : url(magazine.jpg); }
```

当元素和背景图像尺寸相同时，这没什么问题，但是当客户想要改变这里的设计时，没关系，`background-size` 可以解决这个问题，我们也不必再使用软件重新处理图像。

像素单位	使用像素单位来定义背景图的尺寸
百分比	相对与元素尺寸的百分比来指定背景图的尺寸
cover	背景图等比缩放直到覆盖满整个元素
contain	背景图等比缩放后完全包含在元素中

使用像素定义背景图像尺寸

`background-size` 属性允许我们使用像素 `px` 来为背景图像设置一个精确的尺寸，如下所示。

```
.item__img {
background-size : 200px 310px; }
```

第一个值定义宽度，第二个定义高度。当没有指定高度时，浏览器会自动保持背景图像的宽高比。下面这些例子，会实现相同的效果。

```
.item__img { background-size : 200px 310px; }
.item__img { background-size : 200px auto; }
.item__img { background-size : 200px; }
```

如果元素的尺寸发生改变，比如变成 240px×350px，我们可以为背景图像设置新的尺寸，让它来缩放或者拉伸为合适的大小。我们甚至可以为背景图像设置和元素大小差别很大的尺寸。下面是三个例子。

background-size : 240px 350px;　background-size : 120px 175px;　background-size : 60px 87px;

使用百分百设置背景图尺寸

CSS 可以让我们使用百分比来缩放背景图像，在下面的一系列示例中，第一行定义了宽度，第二行定义了高度，当我们不指定高度时，浏览器将自动保持图像的宽高比。

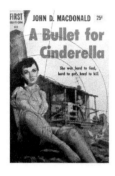

```
background-size : 100% 100%;    background-size : 50% auto;    background-size : 25%;
```

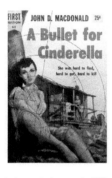

```
background-size : auto 100%;    background-size : auto 50%;    background-size : auto 25%;
```

cover 和 contain

让我们来做一些更大胆的尝试。这是 Get Hardboiled 网站的一个促销面板，用来促进某本书的销量。先秀出一段专业的 HTML 代码：`article` 中包含了一个标题和一段文字。

```
<article class="item">
    <h1 class="item__header">The Phantom Detective</h1>
    <p class="item__description">The Phantom Detective was the
second pulp hero published after The Shadow. The first issue was
released in February 1933. The title continued until 1953, with
a total of 170 issues.</p>
</article>
```

这个 `article` 的宽度将会占满它的容器，但我们还是需要为它设置以像素 px 为单位的内边距值，这种混合使用的方式很让人头疼。但是不用担心，通过声明 border-box，混合使用百分比和像素 px 单位就容易了。

```
.item {
width : 100%;
padding : 40px 80px 40px 280px;
box-sizing : border-box; }
```

如果你想知道为什么左边的内边距值这么大，我用一分钟就能为你解答清楚。现在我们使用一张很大的背景图像，这是这个设计的关键，我们将它水平居中地固定在这个区域的底部。

```
.item {
width : 100%;
padding : 40px 80px 40px 280px;
background: url(scene.jpg) no-repeat 50% 100%;
background-size : 200px 300px;
box-sizing : border-box; }
```

结果看起来挺好，但它并不完美，因为当用户缩小浏览器窗口时，两边的背景图像会被截掉。

在右图中，当用户缩小浏览器宽度时，背景图像被被截掉了。

CSS 的 background-size 属性还有两个关键字，它们都是用来等比缩放背景图像的，分别是 cover 和 contain。哪种更适合当前这种场景呢？这有点令人困惑。首先，使用 contain 缩放背景图像后，保证宽和高都包含在元素内而不被截掉。

这张背景图像包含在元素内部。

使用 cover 的话，背景图像会缩放宽和高，从而覆盖整个元素。

元素的尺寸无论如何改变，都会一直被这张背景图像覆盖——完美的响应式设计。

在设计完促销面板之后，我们将小说封面图片添加进入，作为第二张背景图像。想到如何来定位它了吗？你可能会这样做：用一个很大的内边距值为左边留出足够的空间，然后把这张背景图像定位到距离顶部和左边各 40px 的位置。

用逗号隔开，分别定义每个背景图像的位置、平铺方式和尺寸，并且要记住，我们定义的第一张背景图像的层级更高。

```
.item {
background-image :
url(cover.jpg) 40px 40px no-repeat,
url(scene.jpg) 50% 100% no-repeat;
background-size : 200px 300px, cover; }
```

最终，我们用两张背景图像实现了一个响应式设计。第二张背景图像还可以随着容器的尺寸变化，实时地等比缩放尺寸；第一张图像则会使用它的原生尺寸。现在，它就显得很专业了。

打破传统

当我们需要在一个元素上应用多个背景图像时，我们可以使用 CSS 背景来实现，以保持 HTML 的简洁和专业。背景属性使我们可以精确地控制背景图像的尺寸，以及如何渲染元素。你开始使用它们了吗？你还在等什么？马上用起来吧。

第16章 # 渐变

回顾 2015 年的网站设计，满眼都是扁平化配色。扁平化风格设计在
iOS 和 Windows 操作系统上已经成为常态。在几乎每个网站都能看到
很大的扁平化色块，而且是横向平铺，几乎撑满了全屏。不仅如此，
线框按钮和图标也都是扁平化的。我希望设计师们能尽快放弃这种扁
平化的审美，那样人们就能看到更加丰富多彩的网站设计了。

渐变可以为平面带来二维的视觉体验，在 Photoshop 或者 Sketch 里制
作渐变图像很容易，但是在响应式设计时代，我们特别注重扩展性和
性能，所以使用 CSS 来实现渐变还是很有必要的。

虽然有时候 SVG 来实现渐变也可以，但是 SVG 并不是实现渐变的最
简单的技术。值得庆幸的是，用 CSS 来实现线性、镜像、重复等各种
类型的渐变非常方便。这一章，我们来介绍渐变。

背景图像渐变

不得不承认，当我第一次听说 CSS 渐变有别于背景渐变，而是类似于
位图或者 SVG 的背景图像时，我很惊讶。后来我才意识到这样有个好处，
就是我们在使用多个 `background-image` 时，可以把它和其他图片格
式混合使用。

线性渐变

线性渐变是最常见和有用的渐变类型，它由一个渐变轴和两种或两种
以上颜色组成。这个轴可以水平、垂直或者以任何角度来贯穿元素背景。
这个概念和 CSS 渐变语法并不难，如果你对 Photoshop 或者 Sketch 很
熟悉，就更不在话下了。

首先我们用垂直的线性渐变来实现一个按钮，从 Get Hardboiled 网站的
品牌颜色上取两个色值来做渐变。

```
div {
background-image : linear-gradient(
#fed46e,
#ba5c61); }
```

我们可以使用十六进制、RGB、RGBa、HSL 和 HSLa 来定义色值，然后用逗号分隔开。

下一步，我们将指定渐变的方向，简单来说，就是我们希望渐变到（to）哪里结束，可以是左边或右边，也可以是底部或者顶部。我们不需要指定渐变的起点，只需要声明结束的位置即可。

在第一个例子中，渐变在顶部结束。

```
div {
background-image : linear-gradient(
to top,
#fed46e,
#ba5c61); }
```

下面这个渐变在右边结束。

```
div {
background-image : linear-gradient(
to right,
#fed46e,
#ba5c61); }
```

下一个渐变是在左边结束。

```
div {
background-image : linear-gradient(
to left,
#fed46e,
#ba5c61); }
```

这个 to 语法，不仅对元素的顶部、右侧、底部或者左侧有效；它也可以指定元素的四个角来创建对角线的渐变。

下面这个渐变在右下角结束。

```
div {
background-image : linear-gradient(
to bottom right,
#fed46e,
#ba5c61); }
```

下面的渐变在左下角结束。

```
div {
background-image : linear-gradient(
to bottom left,
#fed46e,
#ba5c61); }
```

这个渐变在左上角结束。

```
div {
background-image : linear-gradient(
to top left,
#fed46e,
#ba5c61); }
```

此渐变的最终版结束于右上角。

```
div {
background-image : linear-gradient(
to top right,
#fed46e,
#ba5c61); }
```

当需要指定精确的渐变角度时，我们可以使用相同的方式，用角度值来代替 to。

下面的例子使用了 30deg 的渐变。

```
div {
background-image : linear-gradient(
30deg,
#fed46e,
#ba5c61); }
```

如果有需要，我们还可以使用负值来实现反向的渐。

```
div {
background-image : linear-gradient(
-30deg,
#fed46e,
#ba5c61); }
```

添加颜色节点

简单的渐变是由两个色值来创建的，但是我们的设计经常需要包含一个或多个颜色的复杂渐变。什么是颜色节点？现在回到我们熟悉的图像处理软件中，使用 Sketch，我们可以在调色板中双击，为渐变添加色值。

在 Sketch 中添加
颜色节点。

为 CSS 渐变指定一个或者多个颜色节点的时候，浏览器会平滑地把它们融合在一起。

在下一个案例中，这个线性渐变从顶部开始，由红变黄，直到底部以蓝色结束。

```
div {
background-image : linear-gradient(
#b1585d,
#fed46e,
#388fa2); }
```

由于我们还没有指定颜色融合的位置，那么它们会均匀地融合在渐变轴上。如果想精确地控制颜色的融合位置，那么可以指定颜色节点在我们希望的位置开始融合。在这个例子中，我们指定第二个节点，即黄色从渐变轴的 20% 高度的位置开始融合。

仔细看，你会发现黄色值旁边出现了一个 20%。

```
div {
background-image : linear-gradient(
#b1585d,
#fed46e 20%,
#388fa2); }
```

我们可以为渐变中的任何一个颜色节点指定位置。接下来，使用同样的方法，指定蓝色在渐变轴 60% 高度的位置开始融合。

```
div {
background-image : linear-gradient(
#b1585d,
#fed46e 20%,
#388fa2 60%); }
```

到目前为止的每一个例子中，我们都是让颜色在渐变轴上逐渐融合。但有时我们也需要一个突然的颜色变化。CSS 渐变很容易就可以实现。给两个颜色设置相同的节点位置，就可以实现这种颜色的突然变化。下面这个例子中，我们将其设置为 40%。

```
div {
background-image : linear-gradient(
#b1585d,
#fed46e 40%,
#388fa2 40%); }
```

线性渐变实战

是时候实践一下了。让我们来创建一个网站上的便签效果，它可以用来充当网站的等待页面。我们的 HTML 标签既简洁，又专业，article 元素只包含了标题和列表。

```
<article>
    <h1>Back soon!</h1>
    <ul>
        <li><del>Gone for smokes</del></li>
        <li><del>Getting booze</del></li>
        <li>On a job (yeah, really)</li>
    </ul>
</article>
```

首先给 article 元素定义一个尺寸、一点内边距值和一个实色背景。如果有些浏览器无法渲染渐变背景，那么用户就会看到这个背景色。

```
article {
width : 280px;
height : 280px;
padding : 22px;
background-color : #fed46e;
box-sizing : border-box;
text-align : center; }
```

现在，添加一个对角线渐变，以便让便签更真实。使用两种颜色，渐变轴指向便签的右上角，并让颜色在 60% 高度的位置开始融合。

```
article {
background-image : linear-gradient(
to top right,
#fed46e 60%,
#bf9f53); }
```

支持 CSS 渐变的浏览器，不管需不需要厂商前缀，都会正常地渲染它。如果有些浏览器无法渲染渐变背景，那么用户就会看到实色背景。

最后，为了给便签增添厚重感，我们为它巧妙地添加一点阴影。

```
article {
box-shadow : 0 2px 5px
rgba(0,0,0,.5); }
```

径向渐变

在本书第 1 版中，径向渐变部分是一笔带过的，因为当时浏览器厂商还不同意它的语法。我写道：

"围观每一次标准制订之争，在 CSS 工作组的 Twitter 上跟帖，或者关注他们博客上的每一次聚会，那种感觉很赞，不是吗？"

幸运的是，这种斗争已经离我们远去，并且所有的现代浏览器都已经完全支持了所有类型的渐变。

定义渐变类型

和线性渐变一样，我们依然可以把径向渐变当作 `background-image` 属性的值。在这个例子中，我们依然使用两种颜色，不过这次我们指定的渐变类型是径向。

```
div {
background-image : radial-gradient(
#fed46e,
#ba5c61); }
```

在这个最简单的径向渐变中，第一种颜色从元素的中心开始，与第二种颜色慢慢融合，一直延伸到最远的边缘。这意味着，如果元素的宽度和高度不相同，那么这个渐变将会是一个椭圆，这是径向渐变默认的形状。

如果想让镜像渐变变为圆形，就要在定义中添加 circle 关键字，来覆盖默认的椭圆形，并用逗号和颜色值分隔开。

```
div {
background-image : radial-gradient(
circle,
#fed46e,
#ba5c61); }
```

仔细看最后一个例子，你应该注意到了，渐变圆延伸到了元素的边缘，这意味着我们看到的是一个不完整的圆。如果需要设计一个完整的渐变圆的效果，我们可以在 circle 这行添加 closest-side 关键字。

```
div {
background-image : radial-gradient(
circle closest-side,
#fed46e,
#ba5c61); }
```

当然，我们还可以使用其他关键字来决定渐变在哪条边或者哪个角结束。这个圆在离中心最近的一个角结束。

```
div {
background-image : radial-gradient(
circle closest-corner,
#fed46e,
#ba5c61); }
```

这个是在最远的角结束。

```
div {
background-image : radial-gradient(
circle farthest-corner,
#fed46e,
#ba5c61); }
```

而这个是在最远的那条边结束。

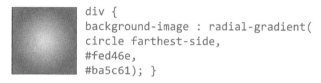

```
div {
background-image : radial-gradient(
circle farthest-side,
#fed46e,
#ba5c61); }
```

改变渐变的原点

默认情况下，径向渐变使从元素背景的中心将颜色融合后向外延伸，但是在很多场景下我们需要改变默认方式。使用 at 关键字，后面跟一些位置或者其他的一些值就完全可以做到。

这个渐变从元素背景的左上角开始。

```
div {
background-image : radial-gradient(
circle at top left,
#fed46e,
#ba5c61); }
```

这个渐变从左下角开始。

```
div {
background-image : radial-gradient(
circle at bottom left,
#fed46e,
#ba5c61); }
```

我们同样可以让渐变从右上角开始。

```
div {
background-image : radial-gradient(
circle at top right,
#fed46e,
#ba5c61); }
```

当然，还可以从右下角开始渐变。

```
div {
background-image : radial-gradient(
circle at bottom right,
#fed46e,
#ba5c61); }
```

还想把渐变玩出花样？你很幸运，除了 at 关键字，你还可以精确地使用 CSS 单位来控制渐变的原点位置，包括像素和百分比。这样，就能完美地实现响应式设计。

我们把原点定位在距离元素中心 80px、距离顶部 30px 的位置。

```
div {
background-image : radial-gradient(
circle at 80px 30px,
#fed46e,
#ba5c61); }
```

如果你希望渐变的中心在元素本身以外，你可以使用负值。在这个例子中，原点在元素外面距离顶部 30px 的位置。

```
div {
background-image : radial-gradient(
circle at 80px -30px,
#fed46e,
#ba5c61); }
```

添加颜色节点

和线性渐变一样，简单的径向渐变也是由两种颜色实现的。但是更为复杂的渐变往往需要包含一个或多个颜色节点。下一步，我们将为上一个渐变添加第三种颜色。

```
div {
background-image : radial-gradient(
circle at 80px -30px,
#b1585d,
#fed46e,
#388fa2); }
```

由于我们还没有指定颜色融合的位置，那么它们此时会均匀地融合在渐变轴上。如果想精确地控制颜色的融合位置，那么可以指定颜色节点在我们希望的位置开始融合。

```
div {
background-image : radial-gradient(
circle at 80px -30px,
#b1585d 30%,
#fed46e 30%,
#fed46e 40%,
#388fa2 40%); }
```

抢眼的径向渐变

是时候让径向渐变露一手了。结合径向渐变和 RGBa 来实现一个聚光灯照在办公室门上的效果。首先使用一个深色背景和木纹材质的背景图像做出门的造型。

```
.hb-about {
background-color : #332115;
background-image : url(about-wood.jpg);
background-position : 50% 50%;
min-height : 100vh; }
```

这个漂亮的木纹门板给访客带来了良好的第一印象。我们也欢迎使用低端浏览器的用户来访。

因为 CSS 渐变使用的是 background-image 属性，所以我们可以在多个背景图像中使用它们，包括位图或者其他 CSS 渐变。首先，我们在 background-image 上添加一个径向渐变。因为是先定义的这个渐变，所以它将出现在木纹图案上面。

```
.hb-about {
background-image : url(about-wood.jpg);
background-position : 50% 50%; }
```

然后给这个径向渐变加上 background-position 和 background-repeat 属性值，并用逗号分隔它们，来修饰木纹背景。

```
.hb-about {
background-image :
radial-gradient(
circle at bottom left,
transparent,
rgba(0,0,0,.8)),
```

```
url(about-wood.jpg);
background-position : 0 100%, 50% 50%;
background-repeat : no-repeat, repeat; }
```

这扇门虽说是做好了，但是我们要问问自己，这样就足够专业和老到了么。虽然这个木纹背景经过优化后只有 50Kb，但是这仍然造成了一个额外的 HTTP 请求。

专业的 CSS 应该是做到淋漓尽致，所以我们用一个半透明的线性渐变，结合 `background-image` 属性来代替那张位图。

```
.hb-about {
background-image :
linear-gradient(
90deg,
#472615 50%,
transparent 50%);
background-size : 6px; }
```

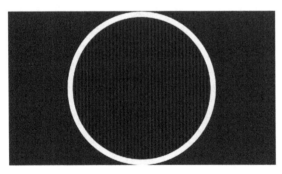

这个木纹是一个从上到下、从棕色到透明的渐变。这两种颜色是在渐变轴 50% 高度位置上开始融合的，形成了一条锐利的线，所以不受背景尺寸的影响。

这种渐变形成了竖状条纹，但是看起来还并不太像木纹，所以我们使用另一种渐变——重复。

重复渐变

到目前为止，我们已经了解了如何将线性渐变和径向渐变充满整个元素，但是如果我们希望渐变铺满整个元素北京，来创造一种新的模式，是不是写几行简单的 CSS 就可以搞定？好吧，我们可以用重复渐变来做到这一点。

重复渐变有 repeating-linear-gradient 和 repeating-radial-gradient 这两种类型。这里介绍如何制作线性重复渐变。

```
div {background-image : repeating-linear-gradient(); }
```

而径向重复渐变的代码如下所示。

```
div {background-image : repeating-radial-gradient(); }
```

我们从 Get Hardboiled 网站的调色板上取两个颜色，来写一个线性的重复渐变。如果想让渐变垂直变化，只需要将渐变角度设置为 90deg。

```
div {background-image : repeating-linear-gradient(90deg); }
```

现在把我们取的两个颜色添加到颜色节点，在颜色融合的位置形成锐利的边缘：

```
div {
background-image : repeating-linear-gradient(
90deg,
#fed46e,
#fed46e 3px,
#ba5c61 3px,
#ba5c61 6px); }
```

最后一个颜色值有个很重要的作用，它有效地控制着用来平铺的渐变背景的尺寸。改变颜色节点的位置比例，就可以看到背景随之发生了有趣的变化。下一个重复渐变密度比较小，并且设置了 45deg 的倾斜。

```
div {
background-image : repeating-linear-gradient(
45deg,
#fed46e,
#fed46e 5px,
#ba5c61 5px,
#ba5c61 10px); }
```

现在我们把渐变设置成 **-45deg**，并放大密度。

```
div {
background-image : repeating-linear-gradient(
-45deg,
#fed46e,
#fed46e 10px,
#ba5c61 10px,
#ba5c61 20px); }
```

到目前为止，我们已经了解了线性的重复渐变，但重复渐变还包括圆形或者椭圆形。下一个例子就是一个原点在元素底部中间的圆。

```
div {
background-image : repeating-radial-gradient(
circle at 50% 100%,
#fed46e,
#ba5c61 20px); }
```

最后的颜色节点依然控制着平铺背景的尺寸大小。所以我们增大这个值，并把渐变的原点定位到顶部的中间。

```
div {
background-image : repeating-radial-gradient(
circle at 50% 0,
#fed46e,
#ba5c61 40px); }
```

最后，我们把圆改成 ellipse，并把渐变的原点定位到右侧的中间。

```
div {
background-image : repeating-radial-gradient(
ellipse at 100% 50%,
#fed46e,
#ba5c61 40px); }
```

重复渐变实战

让我们带着重复渐变的知识重新回到办公室的那扇门。我们再试一次用线性渐变来实现它。这一次，我们使用重复渐变来代替位图图像。这次我们融合六种颜色，并设置不同的颜色节点来实现更逼真的效果。

```
.hb-about {
background-image :
repeating-linear-gradient(
90deg,
```

```
#24170b,
#24170b 6px,
#291A0b 8px,
#3e2010 10px,
#281A11 11px,
#281A11 12px,
#25170a 18px,
#180f06 24px,
#180f05 24px,
#180f05 28px);
}
```

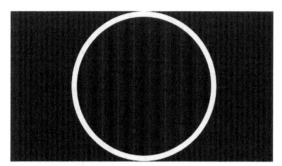

现在的效果就比较专业了。虽说细看起来它并不像真的木头材质，但当用户在小屏手机上看的时候，可能并不会注意到这点。用户能感受到的，就是加载速度更快。但如果是专为大屏设备进行设计，就需要重新引入那张木纹位图背景，用来补充材质细节。

```
@media (min-width: 48rem) {
.hb-about {
background-image :
radial-gradient(
circle at bottom left,
transparent,
rgba(0,0,0,.8)),
url(about-wood.jpg);
background-position : 0 100%, 50% 50%;
background-repeat : no-repeat, repeat; }
}
```

打破传统

扁平化设计风格在今天确实很流行，但是 Web 设计的流行风格变化很快，所以渐变风格肯定会重新流行起来的。不管你是喜欢线性、径向、重复或者多个背景图像，你都需要了解怎么来处理它们。

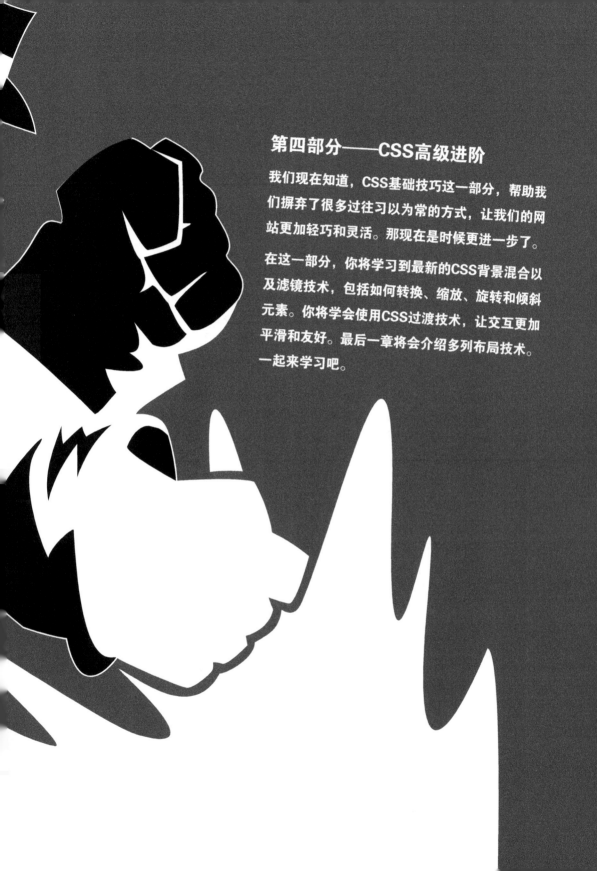

第四部分——CSS高级进阶

我们现在知道，CSS基础技巧这一部分，帮助我们摒弃了很多过往习以为常的方式，让我们的网站更加轻巧和灵活。那现在是时候更进一步了。

在这一部分，你将学习到最新的CSS背景混合以及滤镜技术，包括如何转换、缩放、旋转和倾斜元素。你将学会使用CSS过渡技术，让交互更加平滑和友好。最后一章将会介绍多列布局技术。一起来学习吧。

混合背景与滤镜

快速改变不仅反映在我们手头使用的工具上，新工具和新技术的开发速度也十分迅速。一个更现实的体现就是，一系列新兴的 CSS 属性在现代浏览器中的实现。在过去，设计师和开发者年复一年地等待像 border-radius 这种简单的 CSS 技术能够跨浏览器实现；而今天，新的属性从概念到实施，甚至成为规范，都能在短时间完成。

总之，这种发展速度无论是对设计师和开发者，还是对企业和品牌，或者对互联网来说，都是一件好事。即使最新的浏览器也可能跟不上这种发展速度，我们也不能放慢前进的步伐。相反，我们应该在实际工作中使用新兴技术来推进 Web 的发展，而不是只停留在实验项目上。

CSS 着色器

在过去十年中，许多 CSS 的创新是由浏览器厂商推动的。但是在过去几年，Illustrator 和 Photoshop 的开发商，Typekit 的所有者 Adobe 的贡献颇大，它在 CSS 里增加了一些有趣的图像绘制效果。2011 年，Adobe 公司发布了 CSS 着色器，它是一种高级的 Web 视觉效果。将 Photoshop 中使用的滤镜带到浏览器的提议得到普遍接受，在 2014 年底，Adobe 的滤镜被列入 W3C 的滤镜效果模块工作草案。

混合模式和滤镜的采用速度非常惊人，主要的浏览器现在都支持 CSS 滤镜。Chrome、Opera 和 Safari 需要 -webkit 前缀，微软的 Edge 浏览器也同样开始支持滤镜。

CSS 滤镜

不要与微软专有的滤镜相混淆，CSS 滤镜是功能强大的新工具，它使浏览器能实现一些图像后期处理软件的功能。滤镜属性使浏览器可以实现像模糊、图像调整，甚至下拉阴影之类的效果。

```
blur            brightness      contrast
drop-shadow     grayscale       hue-rotate
invert          opacity         saturate
sepia
```

正如你所期望的，这种图像后期处理软件的技术，主要用于处理图像。你可以使用它处理任何元素，甚至还可以将它们应用到整个页面。我希望在不久的将来，我们也能够将滤镜应用于背景和边框。

滤镜的语法很简单：滤镜类型后面跟上滤镜 `filter` 属性，如模糊 `blur`，括号内加上它的值。

```
.filter {
filter : blur(5px); }
```

滤镜简单易用，并且它们相对新颖，尝试起来也很有趣。接下来，我们将展示一系列的滤镜类型，学习它们支持的值并看下对应的效果。我们首先来尝试模糊效果。

模糊

要给一个元素应用高斯模糊，我们只需要指定 `blur` 作为滤镜类型，括号内的值为模糊的半径。为了证明这一点，我们将为 Stuff & Nonsense 网站的 banner 背景上使用 `blur`。

```
.filter {
filter : blur(5px); }
```

Stuff & Nonsense 网站使用模糊来区分开 banner 背景。

模糊滤镜的半径可以使用任何 CSS 单位，所以我们可以使用 `px`、`em`、`rem`，甚至 `cm`。数字越大，应用的半径越大，滤镜效果也越强。但是不能使用百分比。当我们输入无效值时，浏览器会默认应用 `none`。

要想获得看起来自然的效果，需要设定一个合适的值，这有些困难，但是当我们想使用滤镜时，第一个想到的就是模糊效果，因为在 CSS

中使用它非常简单。

亮度和对比度

你可能一开始认为亮度 brightness 只适用于照片或者其他图像，但实际上，从文本元素到整个页面，都可以改变亮度。在接下来的例子中，我们将会把 Stuff & Nonsense 网站上部的图片亮度降低到 50%。

```
.filter {
filter : brightness(50%); }
```

亮度 brightness 滤镜接受百分比值。当值为 100% 时，元素保留原来的样子。当值在 0% 至 100% 之间调整，减小值会逐渐变暗直到变成黑色，而当值超过 100% 并一直上升，直到元素看起来像是烧糊了一样。

与亮度 brightness 一样，对比度 contrast 滤镜也可以应用到任何元素上。为了和亮度 brightness 对比，我们继续在这幅图片上做对比度的示例。

```
.filter {
filter : contrast(50%); }
```

对比度 contrast 同样可以使用百分百单位。对比度为 0% 时，高亮
的部分和阴影部分的对比很弱，形成了一个灰蒙蒙的效果。对比度为
100% 时，元素保持原样。当值超过 100% 时，就会形成一些非常有趣
的效果。像前面蒙太奇风格的示例。

灰度和饱和度

灰度 grayscale 滤镜逐步使用灰色来替换其他颜色。属性值从 0% 开始，
起初保持元素不便，随着值达到 100%，元素将彻底变为灰色。

```
.filter {
filter : grayscale(100%); }
```

而饱和度 saturate 滤镜可以使颜色混合保持完整和改变颜色的总数。
饱和度滤镜的值和灰度滤镜不同：灰度 grayscale 值为 0% 时，元素
保持不变，而饱和度 saturate 值为 0% 时，元素则看起来完全没有颜色。

```
.filter {
filter : saturate(25%); }
```

100% 的饱和度将保持元素原来的样子，超过 100% 就会让饱和度过高。

色调旋转

使用色调旋转 `hue-rotate` 滤镜可以创造出一些奇怪而又神奇的色彩。色调（hue）是颜色的一个属性，随着饱和度、亮度或者明度的变化而变化。我们经常看到的色盘就是由色调构成的，我们通过为色调旋转 `hue-rotate` 滤镜设定度数，使得元素的所有颜色发生旋转。在接下来的例子中，我们会尝试让色调旋转 90deg。

```
.filter {
filter : hue-rotate(90deg); }
```

`hue-rotate` 转沿着色盘顺时针改变元素颜色的角度，45 度表示为 45deg。

反色

色调旋转 `hue-rotate` 按照我们设定的值来反转元素上出现的颜色。值为 0% 时，元素不发生改变。

```
.filter {
filter : invert(100%); }
```

逐渐增大反色的百分比，反转的颜色的量越来越大，直到最大值 100%，

完全倒置颜色。

透明度

现在你或许会奇怪，为什么我们要采用全新的透明度 opacity 滤镜，而不是使用已经用了很多年的 opacity 属性。事实上，它们的效果的确是相同的。0%，完全透明；100%，完全不透明。我们既可以用数字也可以用百分比，.75 等同于 75%。

```
.filter {
filter : opacity(.75); }
```

那么，相对于以前的属性，新的滤镜有哪些优势呢？至少有两个方面。第一，透明度 opacity 滤镜可以与其他滤镜进行组合，实现有趣的效果。第二，某些浏览器将来会在 CSS 滤镜上使用硬件加速，以此提高网页渲染速度。

混合滤镜

为了获得更有趣的创意效果，我们可以将两个或多个滤镜组合应用。这些组合的语法有点出乎意料，不要以为用逗号隔开滤镜列表就行了。在下面的例子中，我们会组合亮度 brightness、对比度 contrast 和饱和度 saturate 滤镜，得到老照片的复古效果。组合滤镜的语法如下。

```
.filter {
filter : brightness(1.25) contrast(.75) saturate(40%); }
```

滤镜的顺序很重要，它是从左到右执行的。在上面的例子中，先是将元素亮度增加到 125%，然后将对比度减少到 75%，将这两种滤镜效果组合后，又把饱和度降低到了 40%。

在为使用了滤镜效果的元素设置 :active、:focus 和 :hover 状态时，必须为每个状态再重复设置一遍各个属性。例如，我们可能想要调整前面例子中鼠标悬停时的饱和度，同时保持亮度和对比度不变。

```
.filter {
filter : brightness(1.25) contrast(.75) saturate(40%); }
.filter:hover {
filter : saturate(10%); }
```

注意！我们在定义 :hover 状态时删除了元素的亮度和对比度设置。为了保持该状态的所有滤镜属性，我们必须重复设置各个值。

drop-shadow 和 box-shadow

你可能会又一次奇怪，阴影 drop-shadow 滤镜是什么？它和 box-shadow 有什么区别。它们使用相同的参数：水平（x）偏移、垂直（y）偏移、模糊半径、扩散半径和阴影颜色值，你或许更混淆。下面是 drop-shadow 的语法。

```
.filter {
filter : drop-shadow(5px 5px 5px rgba(0,0,0,.5)); }
```

你可能并没有发现 drop-shadow 和 box-shadow 的差别，直到你将它们应用于包含 alpha 透明度通道的图像。当图像有一个 alpha 值时，drop-shadow 滤镜会检测到它，并在图像空间内添加阴影，就像我们在 Photoshop 或 Sketch 里添加 drop-shadow。

上面是 drop-shadow 的效果，下面是 box-shadow 的效果。

与之相反，box-shadow 属性只能检测到元素的外边缘并应用阴影效果。

让我们来看看从左向右移动，增加偏移量，水平和垂直偏移如何影响 drop-shadow 滤镜的结果。

增加偏移。

drop-shadow 的水平和垂直偏移是必需的，而其他值不是。接下来，我们将从小到大增加可选任意的模糊半径的值。当我们不指定模糊半径，阴影显得很浓厚，边缘也很清晰锐利。

调整模糊半径的值。

回顾多年的 Web 标准发展过程，我一直为变化的过程缓慢而沮丧。不过让我感到惊讶和兴奋的是，新技术如 CSS 滤镜这么快就被浏览器所支持。这对设计师和开发人员来讲都是一个好消息，尤其是我们现在正拥抱响应式设计。

移动端的兴起和相关需求都非常关注性能，这些都表明我们需要减少服务器的请求数和减小下载资源的大小。视觉方面，我越来越多地采用 CSS 来实现，这让网站可以更快、更好的呈现出来。CSS 滤镜及其相关的混合模式朝着这个方向迈出了一大步。

混合背景

看看现在流行的扁平化 Web 或 APP 设计，你可能还没意识到 CSS 赋予我们的神奇力量。你可能会认为我们把元素添加到一个平面上，实际上元素之间可能是重叠摆放的，甚至元素的多个背景图也有个堆叠顺序。就我个人而言，我希望目前的扁平化设计时代快点过去，我们将返回头去做些有深度的设计。

如果你熟悉 Photoshop、Affinity Photo 或 Pixelmator 之类的图像后期处理、平面设计软件，那你可能对混合模式比较熟悉。在这些软件中，混合模式可以用来混合或合并不同的图像，以便创建各种不同的效果。

现在浏览器也原生支持这种能力，主要通过 `background-blend-mode` 和 `mix-blend-mode` 这两种 CSS 混合模式来实现。接下来，我们将逐个展示它们。首先从 `background-blend-mode` 开始，它用来混合元素的背景图像。

background-blend

在 CSS 盒模型中，元素的背景色在背景图片之下，边框在它们之上。或许你可以从名字猜出，`background-blend-mode` 将一个元素的背景色和图片混合在一起。当一个元素只有单一背景图片，`background-blend-mode` 控制背景图如何与它后面的背景颜色融合。

要应用混合背景，在 `background-blend-mode` 后面设置混合类型值，在这个实例中使用 `lighten`。

```
.blend {
background-color : #8c4549;
background-image : url(blend-01.jpg);
background-blend-mode : lighten; }
```

左边为 `normal`，右边为 `lighten`。

混合模式

CSS 有 16 种混合模式：`normal`（没有混合应用）、`color`、`color-dodge`、`color-burn`、`difference`、`exclusion`、`hue`、`luminosity`、`multiply`、`overlay`、`saturate` 、`screen`、`lighten` 、`darken`、`hard-light` 和 `soft-light`。

`background-image` 和 `background-color` 通过我们选择各种混合模式来形成不同的视觉效果。

`multiply`：将 `background-image` 和 `background-color` 叠加到一起，可以得到一个颜色更深的 `background-image`。

`exclusion`：衡量源和目标的亮度，减去亮度更大的区域的色彩。它和 `difference` 相似，不同之处在于它会得到对比度较低的效果。

`lighten`：这个模式与 `darken` 相反，它的效果取决于源和背景颜色之间更浅的（色彩）。即将两像素的 RGB 值进行比较后，取高值成为混合后的颜色，因而总的颜色灰度级升高，造成变亮的效果。

`overlay`：这是一个复杂的混合模式，通过对目标颜色叠加复合或过滤，使亮的颜色变得更亮，暗的颜色变得更暗。

saturate：通过组合源颜色的饱和度，目标颜色的色相和亮度产生的效果。saturate 类似于 hue，但是它使用可选择的属性。

color-dodge：提亮目标颜色来反映源颜色。

多个背景图像的混合

当给一个元素添加多个背景图像时，我们可以给每个图像应用不同的混合模式。每个图像和它下面的元素融合，最终与元素的背景色 background-color 融合。

```
.blend {
background-color : #8c4549;
background-image : url(blend-01.jpg), url(blend-02.jpg);
background-blend-mode : lighten, multiply; }
```

在这个例子中，图片 blend-02.jpg 和 background-color 融合，采用 multiply 模式；图片 blend-01.jpg 与第二个图片融合，然后 background-color 用 lighten 模式。

肯定还有更多的方式来使用 background-blend-mode，而不只是混合单一的背景图像和颜色。设计师可以混合多个背景图像，以创造更加丰富和充满深度的设计，我很高兴看到这种新的属性能让我们创造更多的可能。

混合图像类型

在下一个例子中，我们会结合页面背景色、径向和重复的线性渐变来实现 Get Hardboiled 网站桌面的照明效果。

我们用来混合的不一定是传统意义上的图片，它也可以是我们用 CSS 生成的任何形式的渐变。

首先在页面的 body 元素上应用一个径向渐变，这个渐变开始是透明的，然后渐变到红色来模拟灯光照到整个桌面的效果。

```
.hb-bg-light {
background-color : #332115;
radial-gradient(circle at bottom left, transparent, #f00); }
```

为了确保 body 延伸到浏览器窗口的最大高度，所以不管它包含多少内容，我们将设置它的 min-height 为浏览器窗口的 100%。

```
.hb-bg-light {
min-height : 100vh; }
```

下一步，添加一个重复的线性渐变，用来创建纹理效果。

```
.hb-bg-light {
background-image :
radial-gradient(circle at bottom left, transparent, #f00),
repeating-linear-gradient(
90deg,
#24170b,
#24170b 6px,
#291A0b 8px,
#3e2010 10px,
#281A11 11px,
#281A11 12px,
#25170a 18px,
#180f06 24px,
#180f05 24px,
#180f05 28px); }
```

重复的线性渐变有助
于实现纹理效果。

现在，我们把这些渐变背景图像和页面本身的背景融合在一起。我们将
选择两种混合模式：color，将混合出径向渐变聚光灯效果；screen，
将重复的渐变纹理和后面的背景颜色混合。

```
.hb-bg-light {
background-blend-mode : color, screen; }
```

由于混合模式最终呈现的效果，很大程度上取决于混合的颜色，所以
有时很难一下找到实现理想效果的恰当模式。因此需要通过切换混合
模式、改变背景颜色等方式来慢慢尝试。

不知道结果，却往往
能给我带来一个意想
不到的好结果。

测试 background-blend-mode 的支持程度

不是所有的浏览器都支持 background-blend-mode，但这显然不能阻
止一个高明的设计师。某些情况下，因为浏览器不支持或者不全部支持，
那我们需要考虑使用替代品。

Modernizr 工具的原理是，通过 `class` 属性值来为不同的浏览器环境定义不同的样式。这正是处理微软 IE 和 Edge 浏览器的好方法。当浏览器支持 `background-blend-mode` 时，Modernizr 给 HTML 元素追加一个 `backgroundblendmode` 类。

```
.backgroundblendmode .blend {
background-color : #8c4549;
background-image : url(blend-01.jpg), url(blend-02.jpg);
background-blend-mode : lighten, multiply; }
```

如果不支持，Modernizr 通过追加 `no-backgroundblendmode` 类使我们可以提供一个替代图片。

```
.no-backgroundblendmode .blend {
background-image : url(blend-alt.jpg); }
```

虽然 Modernizr 很有用，但它还只是一个很粗糙的工具，因为它只能检测浏览器支持的 CSS 属性，而不能检测是否支持每一个属性值。例如，苹果的 Safari 支持部分 `background-blend-mode`，因为它不支持 `color`、`hue`、`luminosity` 和 `saturate` 混合模式。苹果的浏览器已经实现了我们之前学过的 `@supports` 功能查询，`@` 规则是一个解决部分支持的理想方案。

我们将若干特征查询链到一起，首先测试 `color`，然后是 `hue`、`luminosity`，最后测试 `saturate`。我们将使用 `not` 运算符来指定缺乏支持这些特定的属性和值的浏览器，用 `or` 运算符，以确保涵盖了几种可能不支持的混合类型。

```
@supports not (background-blend-mode:color)
or not (background-blend-mode:hue)
or not (background-blend-mode:luminosity)
or not (background-blend-mode:saturate) {

.blend {
background-image : url(blend-alt.jpg); }
}
```

mix-blend

`background-blend-mode` 使我们能够影响单个元素内一个或多个背景图像和背景颜色的视觉效果，另一种混合模式可以影响和其他元素的视觉效果，甚至是页面本身。这个新的特性称为 `mix-blend-mode`，它为 Web 和应用实现新的创意创造了新机会。

mix-blend-mode 的语法和 background-blend-mode 一样简单。

```
.blend {
background-colour : #a20b30;
mix-blend-mode : multiply; }
```

在这个例子中，我们的元素不会和自身混合，而是跟其他有层级关系的元素和页面本身混合。

mixing blend 模式

如果一个元素包含多个背景图片，我们可以将相同的混合模式分配给所有的元素，如下所示。

```
.blend {
background-image : url(blend-01.jpg), url(blend-02.jpg),
url(blend-03.jpg);
mix-blend-mode : multiply; }
```

或者我们可以为每个 background-image 指定不同的混合类型。

```
.blend {

background-image : url(blend-01.jpg), url(blend-02.jpg),
url(blend-03.jpg);
mix-blend-mode : multiply, screen, luminosity; }
```

在这个例子中，图片 blend-01.jpg 将使用 multiply 混合模式，图片 blend-02.jpg 将使用 screen，以此类推。因此，我们需要注意背景图片和它们对应的混合模式的顺序。

mix-blend-mode 属性和 back-ground-blend-mode 使用相同的混合类型，所以我们可以使用它们实现相同的混合效果。

打破传统

几乎每个方面，我们都在作出快速改变。这对设计师、开发人员、企业、品牌和互联网来讲都是好事。新技术如 CSS 滤镜和混合背景不仅被很快提出，而且很快被浏览器所支持，并成为标准。现在我们需要更加努力，来使用这些令人兴奋的新工具去完成更有创造性的工作。

CSS 转换

尽管我们尽了最大努力，但有些时候 CSS 布局还是有一些壁垒。甚至 CSS 将它的基础布局就称为盒模型。不过有些新的 CSS 布局规范正在慢慢成为 W3C 标准，比如 2D 和 3D 转换可以帮助我们突破盒模型的限制。

2D 转换

目前所有的浏览器都支持 CSS 的 2D 转换，所以它很常用。转换的基本语法很简单，如下所示。

```
transform : transform type;
```

转换一个元素有很多方法可以使用，如下所示。

- translate：水平或者垂直的移动元素
- skew：水平或者垂直的扭曲元素
- rotate：旋转元素
- scale：增加或者减小元素的大小

transform: translate（移动）

首先使用 translate 来移动元素。这个行为在很多方面都与相对定位类似，在做到视觉上偏移的同时，又保持了元素在文档流中的位置。

translate 在 x 轴或 y 轴上移动元素。我们可以使用像素 px、em 或者相对于元素的百分比来设置它的值。例如一个 100px 大小的元素，移动 150% 即为 150px。百分比在流式设计或者元素大小动态改变的网站上非常有用。

我们将会使用 translateX 和它后面括号里的值，把 Get Hardboiled 网站上的名片向右移动 100px。

```
.h-card {
transform : translateX(100px); }
```

我们同样可以使用 translateY 把它向下移动 50%。

```
.h-card {
transform : translateY(50%); }
```

最后，把 translateX 和 translateY 组合到一句定义里。

```
.h-card {
transform : translate(100px 50%); }
```

Anthony Calzadilla 纯靠 CSS3 平移和旋转创作的 "星球大战 AT-AT 步行机"。或许这个例子就是你学习 CSS3 的动力。

如果一个元素占据了空间，任何转换的元素都可能和它重叠。如果它在文档流里顺序比较靠后，那么它将出现在前面，反之亦然。和相对定位一样，如果我们使用了 translate，那么默认文档流将保持不变，它也不占用文档流里的位置。

学习转换最好的方法就是实践。我们会用像素和百分比从不同的方向转换另一张名片。在每个例子中，虚线框表示名片的原始位置。

.vcard { transform : translateX(50px); }

.vcard { transform : translateY(50px): }

.vcard { transform : translateX(50%); }

.vcard { transform : translateY(50%); }

transform: scale（缩放）

当我们使用 scale 时，会改变元素的大小。缩放比例由数值和轴这两个因素来决定。数值介于 0.99 和 0.01 之间时，元素将变小，相反，数值大于 1.01 时，元素将会变大。缩放比例为 1 时，元素大小保持不变，它周围的元素并不会因为它的尺寸发生改变而产生重绘。

你可以沿水平或垂直方向缩放元素，或者两者结合。接下来，我们将使用 scaleX 将元素水平放大到 150%，缩放系数放在括号里。

```
.h-card {
transform : scaleX(1.5); }
```

现在用 scaleY 把高度缩小到 50%。

```
.h-card {
transform : scale(1.5, .5); }
```

很显然，括号里的这些值应该用逗号隔开。

继续在实践中观察 scale，我们将用几种方法来改变另一张名片的大小，虚线框依然表示它的初始尺寸。

.vcard { transform : scaleX(.5); }   .vcard { transform : scaleY(.5); }

.vcard { transform : scale(.25, .5); }   .vcard { transform : scale(.5, .25); }

transform: rotate（旋转）

我们可以使用 `rotate`，在 0 度和 360 度之间顺时针旋转元素，也可以用负值来逆时针旋转。语法学习起来很快。首先声明使用 `rotate` 属性值，然后是括号里的角度，这个例子中使用的是 `45deg`。

```
.h-card {
transform : rotate(45deg); }
```

旋转元素时，页面上的其他元素不会受任何影响。实践一下 `rotate`，我们使用不同的角度来旋转另一张卡片，虚线框依然表示它的初始位置。

.vcard { transform : rotate(-30deg); }   .vcard { transform : rotate(30deg); }

.vcard { transform : rotate(60deg); }　　　　　　　　.vcard { transform : rotate(90deg); }

transform: skew（扭曲）

skew 使元素在水平或者垂直方向上扭曲。语法很简单，为了演示，我们
使用 skewX 来声明水平方向，然后在括号里设置角度，这里使用 30deg。

```
.h-card {
transform : skewX(30deg); }
```

现在我们组合使用两个轴，在垂直方向上使用 skewY 来倾斜 15deg，
组合效果如下所示。

```
.h-card {
transform : skewX(30deg);
transform : skewY(15deg); }
```

我们还可以简写 skew 属性，如下所示。

```
.h-card {
transform : skew(30deg, 15deg); }
```

最好的学习方法就是在实践中观察它们，我们会在另一张名片上演示
水平和垂直，以及正向和反向的扭曲效果，虚线框表示它的初始形状。

```
.vcard { transform : skewY(30deg); }        .vcard { skew(-15deg, -15deg); }
```

设置转换原点

移动、缩放、旋转和扭曲是控制设计细节的强大工具。我们还可以更进一步，为任何给定元素设置转换的原点。

通过使用关键字 top、right、bottom、left 和 center，或者使用像素 px、em 和百分比来定义 transform-origin。原点包含水平和垂直两个值。在下面这个例子中，我们将卡片的原点设置为右上角。

```
.h-card {
transform-origin : right top; }
```

使用百分比也会得到相同的结果。

```
.h-card {
transform-origin : 100% 0; }
```

当我们只设置一个值时，浏览器会默认第二个值为 center。

实践依然是我们理解转换原点最好的方法，所以在下一组例子中，我们会演示一张卡片不同的转换原点，并且逆时针旋转 30 度。没错，虚线框依然表示卡片的初始位置。

```
.vcard {
transform : rotate(-30deg);
transform-origin : 0 0;
}
```

```
.vcard {
transform : rotate(-30deg);
transform-origin : 50% 0;
}
```

```
.vcard {
transform : rotate(-30deg);
transform-origin : 100% 0;
}
```

```
.vcard {
transform : rotate(-30deg);
transform-origin : 0 100%;
}
```

组合两个或多个转换

有时我们需要在一个元素上设置两个或更多的转换。设置多个转换值时，将它们串在一起，并用空格分隔。在下面这个例子中，元素旋转 2deg，并且尺寸缩放到原来的 1.05 倍。

```
.h-card {
transform: rotate(2deg) scale(1.05); }
```

浏览器是按照从左到右的顺序来执行的。在最后一个例子中，元素先顺时针旋转 `2deg`，然后再把元素尺寸缩放到原来的 `1.05` 倍。看看我们应用的这一系列转换实现的效果吧。

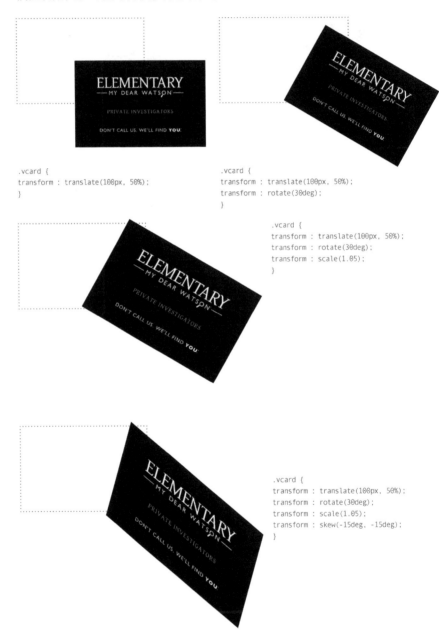

```
.vcard {
transform : translate(100px, 50%);
}
```

```
.vcard {
transform : translate(100px, 50%);
transform : rotate(30deg);
}
```

```
.vcard {
transform : translate(100px, 50%);
transform : rotate(30deg);
transform : scale(1.05);
}
```

```
.vcard {
transform : translate(100px, 50%);
transform : rotate(30deg);
transform : scale(1.05);
transform : skew(-15deg, -15deg);
}
```

2D 转换实战

现在我们要给 Get Hardboiled 网站的侦探办公桌上的名片应用转换。首先用 `transform-origin` 属性来设置原点，并用 `rotate` 转换来实现不规则的设计。

我们将使用的 HTML 是很专业的，你找不到任何一个表象的元素或者属性。这里有九个微格式 `h-card`，每个都有其自己的一组值来描述一个侦探的联系信息。所有卡片上都没有定义 `id`。

```
<div class="h-card">
<h3 class="p-org">The No. 1 Detective Agency</h3>
</div>

<div class="h-card">
<h3 class="p-name p-org">
Shades &amp; Staches Detective Agency</h3>
</div>

<div class="h-card">
<h3 class="p-name p-org">Command F Detective Services</h3>
</div>

<div class="h-card">
<h3 class="p-name">The Fat Man</h3>
</div>

<div class="h-card">
<h3 class="p-name p-org">Hartless Dick</h3>
</div>

<div class="h-card">
<h3 class="p-name p-org">Nick Jefferies</h3>
</div>

<div class="h-card">
<h3 class="p-name p-org">Elementary, My Dear Watson</h3>
</div>

<div class="h-card">
<h3 class="p-name p-org">Shoes Clues</h3>
</div>

<div class="h-card">
```

```
<h3 class="p-name p-org">Smoke</h3>
</div>
```

首先为 h-card 定义通用样式。我们会给所有卡片设定相同的尺寸，并应用 background-size 属性来确保不管卡片多大，背景图都能与之适应。

```
.h-card {
width : 300px;
height : 195px;
background-position : 50% 50%;
background-repeat : no-repeat;
background-size : 100% 100%; }
```

我们需要为每个元素定义不同的背景图像，但是我们并没有在 HTML 里定义 id 或者 class 属性，这里就要用到 :nth-of-type 伪元素选择器了。

:nth-of-type 详解

你可能之前使用过 :nth- 伪元素选择器：比如使用 :last-child 从列表中去掉最后一个元素的边框；或者使用 :first-child 为一篇文章开始的段落添加一个边框，如下所示。

```
p:first-child {
padding-bottom : 1.5rem;
border-bottom : 1px solid #ebf4f6;
font-size : 1rem; }
```

还不错，只是选择首尾的元素来做一些简单的样式定义。只能做到这些吗？当然不是。

在处理可预见的情况时（列表中的项或者表格中的行），:nth-child 选择器的表现不错。但当我们不能预知元素的位置时，就需要一个更加灵活的选择。如果能根据类型或者元素在文档中的位置来选择岂不是更好？其实这就是 :nth-of-type 伪元素选择器要做的，也是 CSS 的秘密之一。

想选中第一段，不管它出现在文档中的什么位置，都不是问题。那么要选中第四个无序列表例子中的第十三项呢？:nth-of-type 同样可以帮助你。任何目标元素，无论它出现在什么位置，都不需要 id 或者 class 属性，这确实很强大。

:nth-of-type 参数

:nth-of-type 可以接受像 odd 或者 even 这样的关键字，也可以是数字或者表达式。听起来有点复杂，其实并不是，我们一起看几个例子。

如果你想为列表里的奇数项（一、三、五、七…）添加边框，使用 :nth-of-type 就可以很轻松实现。你不需要为 HTML 添加 class 属性或者使用 JavaScript hack，只需要用 odd 关键字就可以。

```
li:nth-of-type(odd) {
border-bottom : 1px solid #ebf4f6; }
```

在下面的例子中，使用 :nth-of-type 选择器给文章中的第一段文字加粗。

```
article p:nth-of-type(1) {
font-weight : bold; }
```

表达式相对复杂些，刚接触时我们都会觉得很烧脑。我的建议是从右往左倒着阅读。在下面的例子中，3n+1 表示匹配表格里的第一行（1），然后是每隔 3 行（3n）。

```
tr:nth-of-type(3n+1) {
background-color : #fff; }
```

6n+3 将匹配每隔六个元素后的第三个元素。

```
tr:nth-of-type(6n+3) {
opacity : .8; }
```

现在使用 :nth-of-type 伪元素选择器来为每张卡片添加背景图像。

```
.h-card:nth-of-type(1) {
background-image : url(card-01.jpg); }
```

```
.h-card:nth-of-type(2) {
background-image : url(card-02.jpg); }
```

```
.h-card:nth-of-type(3) {
background-image : url(card-03.jpg); }
```

```
.h-card:nth-of-type(4) {
background-image : url(card-04.jpg); }
```

```
.h-card:nth-of-type(5) {
background-image : url(card-05.jpg); }
```

```
.h-card:nth-of-type(6) {
background-image : url(card-06.jpg); }
```

```
.h-card:nth-of-type(7) {
background-image : url(card-07.jpg); }
```

```
.h-card:nth-of-type(8) {
background-image : url(card-08.jpg); }
```

```
.h-card:nth-of-type(9) {
background-image : url(card-10.jpg)); }
```
因为我们只是希望显示元素的背景图像，所以通过缩进把 HTML 文本移到屏幕外。

```
.h-card * {
text-indent : -9999px; }
```

添加转换

那些卡片虽然看起来不错，但是有点呆板，接下来我们给它们添加一些旋转变换的效果。我们不会给特定的卡片应用这些转换，而是通过 :nth-of-type(n) 选择器来让设计看起来是随机的。我们把奇数的卡片逆时针旋转 2 度（-2deg），让它们显得松散一些。

在小屏幕上，卡片整齐地摆在一起。

```
.h-card:nth-child(odd) {
transform : rotate(-2deg);
transform-origin : 0 100%; }
```
现在让我们继续调整，给 3、4、6 的倍数的每一个卡片设置不同的 rotate 值，给 6 的倍数的卡片设置 translate 值，让它们偏离原点。

```
.h-card:nth-child(3n) {
transform : rotate(2deg) translateY(-30px); }
```

```
.h-card:nth-child(4n) {
transform : rotate(2deg);
transform-origin : 0 100%; }
```

```
.h-card:nth-child(6n) {
transform : rotate(-5deg);
transform-origin : 0 0; }
```

多亏了 `transform` 和伪元素选择器，现在这堆卡片变得一团糟。

在小屏幕上，那些名片很适合垂直的布局，然而在中大型屏幕上，垂直布局并不能很好地利用可用的空间。所以我们接下来使用伪元素通过定位和一些 `transform`，将卡片排成一个网格的形状。

再回到设计本身，我们需要给每张卡片设置定位，但又不需要在小屏幕上生效，所以我们使用媒体查询来让这些样式只应用于中大型屏幕。

```
@media (min-width: 48rem) {
.h-card {
position : absolute; }
}
```

通过定位，给每张卡片的顶部 `top` 和左侧 `left` 设置一些值，用来形成一个松散的网格。

```
@media (min-width: 48rem) {
.h-card:nth-of-type(1) {
top : 100px;
left : 0; }

.h-card:nth-of-type(2) {
```

```
top : 80px;
left : 320px; }

.h-card:nth-of-type(3) {
top : 100px;
left : 640px; }

.h-card:nth-of-type(4) {
top : 320px;
left : 40px; }
.h-card:nth-of-type(5) {
top : 270px;
left : 570px; }

.h-card:nth-of-type(6) {
top : 320px;
left : 600px; }

.h-card:nth-of-type(7) {
top : 540px;
left : 0; }

.h-card:nth-of-type(8) {
top : 560px;
left : 320px; }

.h-card:nth-of-type(9) {
top : 540px;
left : 640px; }
}
```

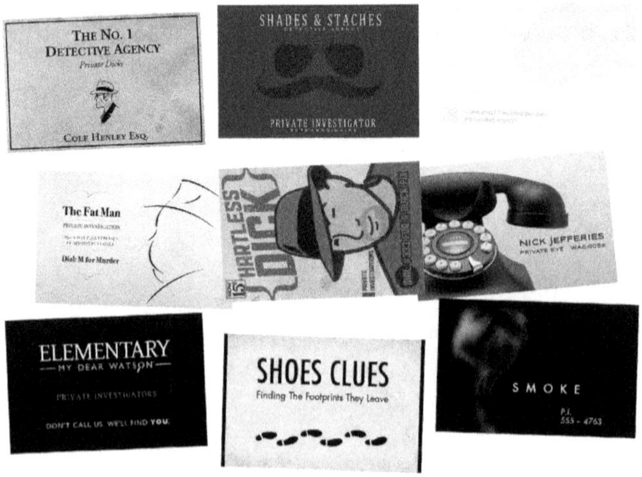

通过应用 rotate 和 translate，设计看来来更自然。

你应该已经发现我故意出的错。第五张卡片与水平放置的卡片不同，它是垂直的。把卡片顺时针旋转 90deg，这个问题就解决了。旋转的原点 transform-origin 位于卡片的左上角。

```
@media (min-width: 48rem) {
.h-card:nth-of-type(5) {
transform : rotate(90deg);
transform-origin : 0 0; }
}
```

当我们把它顺时针旋转 90deg 并与其他卡片重叠后，这个孤零零的卡片看起来就好多了。

最后我们再做一点润色，给这些卡片添加一些 RGBa 阴影。

```
.h-card {
box-shadow :
0 2px 1px rgba(0,0,0,.8),
0 2px 10px rgba(0,0,0,.5); }
```

放大设计，左侧柔和的 RGBa 阴影增添了景深。

设计方案

让我们重新回到 Get Hardboiled 网站中的办公室外，门上的便签依然还在，但是有人在上面增加了一行。还记得我们之前的 HTML 吗？一个 article 元素？我们将用相同的方式，使用 aside 元素在里面新增一条。

```
<article>
    <h1>Back soon!</h1>
        <ul>
            <li><del>Gone for smokes</del></li>
            <li><del>Getting booze</del></li>
            <li>On a job (yeah, really)</li>
        </ul>
</article>
<aside>
    <p>Something on your mind or just want to say hello,
tweet @gethardboiled</p>
</aside>
```

我们把第一张便签（article）重新贴到门上，现在用 transform 来扭曲它。

```
article {
transform : skew(-5deg, -2deg); }
```

试着修改扭曲值，角度的微小变化
会带来一些有趣的效果。

现在我们把使用 aside 便签放到第一张的上方并扭曲它，以使其显得更加突出。

```
aside {
position : absolute;
top : 100px;
left : 70%;
```

```
z-index : 10;
transform : skew(5deg, -5deg); }
```

通过几行简单的 CSS，将这
两个语义元素转换到设计中，
就特别符合 Get Hardboiled
网站主题了。

3D 转换

2009 年，苹果公司宣布，MacOSX10.6SnowLeopard 操作系统的 Safari
浏览器开始支持 3D 转换，元素的 3D 定位属性会显著增强设计的景深
效果。

苹果公司的建议已经被 W3C 接受，而且在写作本书时，3D 转换已经
被所有现代浏览器支持。

3D 透视

透视是实现元素 3D 效果的关键。需要使用 transform 属性将它们放
进一个三维空间内。为了产生 perspective，我们需要把它应用于父
元素，而不是元素本身。我们不需要特殊的 3D HTML 元素，只需要一
个 div 元素和一个使用了 hb-3dclass 值的父元素就够了。

```
<div class="hb-3d">
<div class="item"> […] </div>
<div class="item"> […] </div>
<div class="item"> […] </div>
<div class="item"> […] </div>
</div>
```

在每个元素里面，我们添加两个 div 元素用来放置小说的封面图片和
内容简介。

```
<div class="item__img">
  <img src="raymondchandler-01.jpg" alt="Finger Man">
</div>
<div class="item__description">
  <h3 class="item__header">Finger Man</h3>
  <p>This Finger Man story originally featured an unnamed
narrator.</p>
</div>
```

我们现在开始添加样式，使用小屏手机的用户将看到一个简单的二维布局，元素只是简单地水平排列。我们将给父元素 hb-3d 添加 display:flex;，然后给每个元素添加 flex:1;，并加上外边距、内边距和一个蓝色的宽边框。

```
.item {
flex : 1;
margin-right : 10px;
margin-bottom : 1.35rem;
padding : 10px;
border : 10px solid #ebf4f6; }
```

Finger Man

This 'Finger Man' story originally featured an unnamed narrator.

The Big Sleep

The story is noted for characters double-crossing one another.

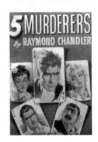

5 Murderers

Chandler decided to become a writer after losing his job.

这个界面看起来很整洁，但是并没有什么亮点。

3D 布局需要浏览器窗口有足够大的宽度。现在开始定义这些样式。我们在媒体查询内部，为每个元素添加一个 45deg 的 rotate 转换。我们不需要外边距、填充和边框，所以把它们删掉。

```
@media (min-width: 48rem) {
.item {
transform : rotateY(45deg);
margin : 0;
```

```
padding : 0;
border-width : 0; }
}
```

Finger Man

This 'Finger Man' story originally
featured an unnamed narrator.

The Big Sleep

The story is noted for characters
double-crossing one another.

5 Murderers

Chandler decided to become a
writer after losing his job.

当在二维空间旋转这些部分时，它们像是被压扁了。

```
@media (min-width: 48rem) {
.hb-3d {
perspective : 500; }
}
```

提高或者降低 `perspective`，会对每个元素产生如下图所示的影响。

```
.item {
perspective : 300; }
```

```
.item {
perspective : 1200; }
```

改变视角

当我们观察 3D 转换的元素时，默认视角是在元素的水平和垂直的正

中心。我们可以用像素 px、em 或者百分比中的任意单位值来改变
perspective-origin 的位置。如果使用百分比来定义，当设置为 0
50% 时，视角将在左边偏下的位置；而设置为 50% 0 的话，视角将在
水平中心，并且非常靠上。

```
@media (min-width: 48rem) {
.hb-3d {
perspective-origin : 50% 50%; }
}
```

看一下不同的原点位置是如何改变我们在这些元素上的视角的。

专业 3D 设计

首先，CSS2 赋予了我们元素定位和层叠的能力，所以我们可以使用

z-index 来放置它们。而 CSS3 引入了 translate，它用来沿着 x 轴或 y 轴移动元素。现在 3D 变换又带来了 translateZ，可以用来移动元素，以控制元素和观察者之间的距离。

为了演示 translateZ，我们继续构建 Get Hardboiled 网站的 3D 界面。首先，我们将给这些封面图片添加样式，定义一个宽的边框。

```
@media (min-width: 48rem) {

.item__img img {
border-color : #9bc7d0; }

.item__img img:hover {
border-color : #eceeef; }
```

下一步，给内容简介添加宽度 width 和内边距 padding，并通过相对定位使它们移动 150px。同样，也给它们设定背景色和边框。

```
@media (min-width: 48rem) {

.item__description {
position : relative;
top : -150px;
padding : 11px;
width : 160px;
background-color : #dfe1e2;
border : 10px solid #ebf4f6; }
}
```

3D 缩放

CSS3 里还包含了一些其他的 3D 转换属性：rotate 和 scaleZ。
scaleZ 允许我像 scaleX 和 scaleY 一样来缩放元素，只不过它是沿
着 z 轴。或者我们可以用 scale3d 属性来设置沿着三个轴缩放。

```
.item {
transform : scale3d(scaleX, scaleY, scaleZ); }
```

随着基础知识的进一步了解，我们将通过最后一个组件，使界面彻底
实现 3D 效果。

3D 透视

一般情况下，当在一个元素上应用透视时，它的子元素还是保持二维
的平面状态。transform-style 属性给了我们一系列的选项值，这些
值要么使这些元素保持在那个平面上，要么脱离那个平面。

在这个设计中，我们将为每一个元素应用 preserve-3d 属性，并使用
translateZ 将内容简介设置为 3D 模式。同时通过定义，让内容简介
向用户靠近 80px。

```
.item {
transform-style : preserve-3d; }

.item__description {
transform : translateZ(80px); }
```

使用 box-shadow 加强景深

为了加强这些设计元素的景深效果，为内容简介和封片图片加上 RGBa
的阴影。

```
.item__img img {
box-shadow: 0 5px 5px 0 rgba(0, 0, 0, 0.25),
0 2px 2px 0 rgba(0, 0, 0, 0.5); }

.item__description {
```

```
box-shadow: 0 5px 5px 0 rgba(0, 0, 0, 0.25),
0 2px 2px 0 rgba(0, 0, 0, 0.5); }
```

我们可以在支持 3D 转换的浏览器中，使用 `box-shadow` 为元素添加景深。

添加交互

这个界面即将设计完成，但是你可能已经发现，由于 `perspective` 的增加，这些内容简介变得难以阅读了。为了解决这个问题，当鼠标悬停在元素上时，让它正向面对用户就好了。做到这一点，只需要在鼠标悬停时把 y 轴的旋转值设置为 0 就可以了。

```
.item:hover {
transform : rotateY(0); }
```

为了获得更极致的效果，我们还将内容简介元素的 `translateZ` 属性值从 80 像素减小为 5px，同时将它向右移动 20px。

```
.item:hover .item__description {
transform : translateZ(5px) translateX(20px); }
```

当这些内容简介移动到新位置时，它们阴影的投射位置就是错误的了。可以通过改变这些阴影的模糊半径和透明度来使它们更自然。

```
.item:hover.item__img img {
box-shadow : 0 5px 15px rgba(0,0,0,.25); }
.item:hover .item__description {
box-shadow : 0 10px 15px rgba(0,0,0,.5); }
```

现在用鼠标划过这个界面来体验 3D 旋转吧。

收尾

最后用动画把所有的改变操作串联起来。

```
.item {
transition-property : transform;
transition-duration : .5s;
transition-timing-function : ease-in-out; }

.item__description {
transition-property : transform, box-shadow;

transition-duration : .25s;
transition-timing-function : ease-in-out; }
```

等等，这是什么？！这是我们留的一个悬念。

CSS 过渡

在网页和 APP 中，状态的变化会对用户使用界面的感受产生很大的影响。如果变化太快，交互会显得很不自然；如果变化太慢，哪怕只有几毫秒，界面就会显得有些呆板和生硬。

当我们将一个链接改成按钮形式时，我们往往会通过改变它的背景色来改变鼠标悬停状态时的外观。

```
.btn {
background-color : #bc676c; }

.btn:hover {
background-color : #a7494f; }
```

默认情况下，这些样式变化是即时的，但通过使用 CSS 过渡，我们可以让变化在特定的时间长度内发生，并可以控制变化的速度和延迟。

```
.btn {
transition-property : background-color; }
```

我们可以通过动态伪类选择器来触发 CSS 过渡，例如 :hover、:focus、:active 和 :target。首先，要确认哪个或哪些属性需要过渡。在我们这个按钮上，只需要过渡它的背景色，因此我们这样来使用 transition-property。

```
.btn {
transition-property : background-color;
transition-duration : .25s; }
```

过渡持续时间

过渡属性可以在任意几秒（s）或毫秒（ms）内改变一个或多个样式。到目前为止，这些时间单位只被用于听觉样式表中。如果需要在四分之一秒（.45s）内完成平滑的过渡，我们为过渡添加 0.25 秒（.25s）的持续时间。

```
.btn { transition-duration : .25s; }
```

如果把持续时间设置为 0，或者忽略了这个属性，那么状态将会立刻发生改变，不会有任何过渡。

注意我们是如何把过渡声明添加到要过渡的元素上，而不是元素的其他状态例如 :hover 状态上。

```
.btn {
transition-property : #a7494f; }
```

通过此处的声明，按钮的背景色将会在四分之一秒（.45s）的时间内平滑地在红色的两种色调之间过渡。

我们可以把过渡应用到任何块级或文本元素，以及 :before 和 :after 等伪元素上。

组合过渡

当我们有两个或多个属性需要过渡——例如，背景色和文本颜色——那么可以将每个属性用逗号分隔。

```
.btn {
background-color : #bc676c;
color : #fff;
transition-property : background-color, color; }
```

或者，我们可以利用 all 关键字把多个属性组合到一个声明中。

```
.btn {
transition-property : all; }
```

延迟过渡

在现实世界中，我们与之交互的许多对象并不是在按下按钮或触发时立即开始变化。默认情况下，CSS 过渡从它们启动的那一刻开始，我们称之为零点。我们可以通过在零点和过渡开始之间增加延迟来实现物理真实感。指定若干毫秒（ms）或若干秒（s）的延迟时间。

```
.btn {
transition-property : background-color;
transition-duration : .25s;
transition-delay : .1s; }
```

从零点到背景颜色变化开始之间，我们只添加 0.1 秒（.1s）的延迟，当属性返回到原始状态时也会应用同样的延迟。

加速过渡

加速取决于我们选择的 `transition-timing-function` 属性值。例如，线性过渡 `linear` 将会在整个过渡过程中保持恒定速度，而 `ease` 过渡将会在样式变化过程中逐渐减慢。另外还有三个关键字可以进一步变化过渡的速度，如下所示。

`ease-in`	开始缓慢，并逐渐加速
`ease-out`	开始较快，并逐渐减速
`ease-in-out`	慢速开始，然后变快，慢速结束

我们在按钮上指定一个线性 `linear` 过渡。

```
.btn {
transition-property : background-color;
transition-duration : .25s;
transition-delay : .1s;
transition-timing-function : linear; }
```

W3C 的 CSS3 过渡模块还包括沿一个自定义的贝塞尔曲线绘制 `transition-timing-function` 的能力。用数学方法来定时是很有趣的，但超出了本书的介绍范围。

应用多个过渡

当需要过渡两个或多个属性的时候，我们可以将它们组合成一个由逗号分隔的列表，然后分别为每一个指定持续时间、延时和时间函数的值。首先，我们把多个过渡用常规的方式写出来。

```
.btn {
transition-property : background-color, color;
transition-duration : .25s, .25s;
transition-delay : .1s, .1s;
transition-timing-function : linear, linear; }
```

多个过渡的持续时间、延迟或时间函数值是相同的，那么我们只需要把这些值写一次。

```
.btn {
transition-property : background-color, color;
transition-duration : .25s;
```

```
transition-delay : .1s;
transition-timing-function : linear; }
```

我们也可以把这些值组合成一个由逗号分隔的字符串。

```
.btn {
transition : background-color .25s .1s linear, color .25s .1s
linear; }
```

当我们需要几个过渡按次序来执行时，可以为每个过渡指定不同的延迟时间。

过渡的例子

切记，当你的过渡属性中包含延迟时间 delay 时，它一定要出现在持续时间 duration 之后。

在前面，我们在网页中建立了一个 3D 界面，并为你留了一个悬念。如果必要的话，回顾一下，因为现在我们要为这些列表项添加过渡和三维空间内的 45deg 旋转。为了确保用户可以阅读我们的文本，当鼠标悬停时，我们把这些列表项转回原位来面对用户。

```
.item {
transform : rotateY(45deg);
transform-style : preserve-3d; }

.item:hover {
transform : rotateY(0); }
```

这种设置方式，过渡会立即执行。为了让界面的呈现更流畅，添加过渡属性，首先将过渡属性定义为 transform。

```
.item {
transition-property : transform; }
```

接下来，指定该过渡需要 0.75 秒（.75s），时间函数为 ease-in-out。

```
.item {
transition-duration : .75s;
transition-timing-function : ease-in-out; }
```

当我们想减少一些样式表字节大小时，可以将这些属性组合成一条声明。

```
.item {
transition : transform .75s ease-in-out; }
```

为了使 3D 界面更加具有真实性，通过 `translateZ` 属性使它靠近用户 80px。然后向左后方移动，调整鼠标悬停时投影的强度。

```
.item div {transform : translateZ(80px);
box-shadow : -20px 20px 30px rgba(0,0,0,.25); }

.item:hover .item__description {
transform : translateZ(5px) translateX(20px);
box-shadow : 0 10px 15px rgba(0,0,0,.5); }
```

我们将所有的状态变化延迟 0.2 秒（.2s）启动，持续 0.5 秒（.5s）。

```
.item__description {
transition-property : transform, box-shadow;
transition-duration : 5s, 5s;
transition-delay : .2s, .2s;
transition-timing-function : ease-in-out, ease-in-out; }
```

这两个属性的过渡使用了同样的持续时间、延时和时间函数。因此我们可以把两个值组合成一个来简化这条声明。

```
.item__description {
transition-property : transform, box-shadow;
transition-duration : .5s;
transition-timing-function : ease-in-out; }
```

我们的设计现在看起来更加的流畅，用户交互也更真实。

降级处理

如果你或者你的客户还不适应 3D 界面，我们可以通过过渡来创建一个完全不同的 Get Hardboiled 网站页面，而不需要对 HTML 做出任何改变。

```
<div class="hb-opacity">
<div class="item">
<div class="item__img"> […] </div>
<div class="item__description"> […] </div>
</div>
```

这个设计将为使用小屏幕的用户服务。对他们来说，我们只是实现一个简单的布局，其中列表项垂直排放，图书封面的图像放置在右侧。下面是小屏幕设计的最终预览。

The Phantom Detective

The Scarlet Menace
Vol. 1 No. 3
Issue #5
Jly '33

The Jewels Of Doom
Vol. 1 No. 3
Issue #5
Jly '33

The Yellow Murders
Vol. 4 No. 1
Issue #10
Dec '33

正在设计的界面在小屏幕下的浏览效果。

我们将使用 flexbox 来开发。开始构建基础，先为所有的列表项应用 display:flex 属性。同样我们还要加一些外边距 margin、内边距 padding 以及一条粗粗的边框。

```
.item {
display : flex;
margin-bottom : 1.35rem;
padding : 10px;
border : 10px solid #ebf4f6; }
```

小屏幕下的设计与其他情况下不同，我们需要把图书封面图像放置在右侧，而不是按照默认顺序出现在左侧。不过，这对弹性盒模型来说非常简单，我们只需要指定 flex-direction 为 row-reverse 即可。

```
.item {
flex-direction : row-reverse; }
```

现在，我们把注意力集中到这些列表项的内部元素上。给它们设定一个宽度和粗边框，以匹配它们的父元素。

```
.item__img {
margin-left : 20px;
width : 133px; }
.item__img img {
border : 10px solid #ebf4f6;
box-sizing: border-box; }
```

为了使图书简介充分利用宽度和外边距留下来的空间，将 flex-grow 属性值设置为 1。

```
.item__description {
flex-grow : 1; }
```

现在，我们已经为小屏幕下的列表项添加了样式，下面将要对中、大尺寸的屏幕添加样式。我们添加的任何样式都将被嵌套在媒体查询中，只有在设备需要的时候才应用它们。

The Phantom Detective

The Scarlet Menace

Vol. 1 No. 3

Issue #5

Jly '33

ADD TO CART

The Jewels Of Doom

Vol. 1 No. 3

Issue #5

Jly '33

ADD TO CART

The Yellow Murders

Vol. 4 No. 1

Issue #10

Dec '33

ADD TO CART

列表项的简单堆叠对
使用小屏幕手机用户
来说非常完美。

首先，我们要将外层的容器设置为 display:flex，以便它所有的子元
素都将沿着水平轴排列。

```
@media (min-width: 48rem) {
.hb-opacity {
display : flex; }
}
```

现在，移除我们之前设置的 display:flex，将它替换为 display:block。
我们还将覆盖之前的外边距、内边距和边框设置。对每个列表项添加
position:relative，使之成为定位的上下文。

```
@media (min-width: 48rem) {
.item {
display : block;
margin : 0 20px 0 0;
padding : 0;
border-width : 0;
position : relative; }
}
```

忘记一切你曾听到的有关绝对定位不够灵活或不适合动态内容的说法。
通过精心规划，即使面对最苛刻的情况，绝对定位也可以给我们精确

的控制。现在，将图书信息变得比容器更宽，通过使用负的绝对定位值将其移动到左侧。

```
@media (min-width: 48rem) {
.item__description {
position : absolute;
width : 200px;
left : -40px; }
}
```

添加内边距、边框和半透明的背景色，以便于图书信息后面的元素可以透过背景显示出来，这样就完成了样式的添加。

```
@media (min-width: 48rem) {
.item__description {
padding: 20px;
background-color: rgba(223, 225, 226, 0.95);
border: 10px solid #ebf4f6;
box-sizing: border-box; }
}
```

图书信息悬浮在图书封面的上方。

为了创建弹出的效果，重新定位上述图像顶部的描述。为了确保弹出的活动项总是出现在最靠前的位置，可以给它们一个更高的 z-index 值。

```
@media (min-width: 48rem) {
.item:hover .item__description {
top : -80px;
z-index : 3; }
}
```

接下来，增加两个 **RGBa** 的投影，用逗号将每个值分隔开。

```
@media (min-width: 48rem) {
.item:hover .item__description {
box-shadow : 0 5px 5px 0 rgba(0,0,0,0.25),
0 2px 2px 0 rgba(0,0,0,0.5); }
}
```

通过投影增加深度。

通过设置完全透明，来简单地隐藏需要弹出的图书信息。当鼠标悬停时，我们可以再次显示它们。

```
@media (min-width: 48rem) {
.item .item__description {
opacity : 0; }

.item:hover .item__description {
opacity : 1; }
}
```

默认情况下，位置和透明度的变化会立即发生，但我们可以使用过渡属性让它们显得更流畅。首先，定义距离顶部的距离 top 和不透明度 opacity 为要过渡的属性，并设置半秒（.5s）的持续时间和时间函数来减慢过渡的过程。

```
@media (min-width: 48rem) {
.item .item__description {
transition-property : top, opacity;
transition-duration : .5s;
transition-timing-function : ease-out; }
}
```

现在当用户的鼠标悬停在项目列表时，对应的图书信息弹层会淡入和淡出。

现在这些弹层在所有的现代浏览器中都能正确的渲染。但是对于那些能力比较差的、不支持过渡和透明度的浏览器呢？它们会怎样处理这个界面？

不支持过渡的浏览器将会安全地忽略掉它们，我们应该记住 Dan Cederholm 提醒我们的，网页在所有的浏览器中的表现不需要完全一致。

进阶效果

接下来的界面具有完全不同的外观和用户体验。点击一本书，将会显示一个包含内容简介的面板。我们用 CSS 定位、透明度和过渡来创建这个面板。我们可以重用上个例子中的 HTML，但是这一次我们需要为每一个列表项创建一个 id，以便我们可以直接定位它们的片段。

这是我们创建的 Get Hardboiled 网站界面的早期效果。

```
<div class="hb-transitions">
   <div id="hb-transitions-01" class="item">
      <div class="item__img"> […] </div>
      <div class="item__description"> […] </div>
   </div>
</div>
```

我们还需要一个指向它父元素的锚点。

```
<div id="hb-transitions-01" class="item">
<a href="#hb-transitions-01"><img src="transitions-01.jpg"
alt="The Big Sleep"></a>
</div>
```

正如我们一开始为使用小屏幕的用户做设计时，把列表项设计成简单的垂直列表。这一次我们也同样使用弹性盒模型来布局。由于我们需要把图书封面展示在右侧而不是按照默认的顺序排列，我们同样将 flex-direction 设置为 row-reverse。

```
.item {
display : flex;
flex-direction : row-reverse;
margin-bottom: 1.35rem;
padding: 10px;
border: 10px solid #ebf4f6; }
```

在每个列表项内部，我们为每个图片设置一定的左外边距来把它和内容简介分隔开，并为它设置一个宽度。

```
.item__img {
margin-left : 20px;
width : 133px; }
```

为了使内容简介充分利用图书封面左侧空余的空间，使用 flex-grow 属性，并将值设为 1。

```
item__description {
flex-grow : 1; }
```

现在我们的设计已经满足了小屏幕手机用户，现在我们把关注点放在使用大屏幕手机上。我们所添加的任何样式都将嵌入在媒体查询中，只有在设备需要的时候才应用它们。

首先我们为 hb_transitions 区域增加尺寸，然后将它设置为没有任何偏移量的相对定位，以便它成为任何有定位的子元素的定位上下文。

```
@media (min-width: 48rem) {
.hb-transitions {
position : relative;
height : 500px;
width : 710px; }
}
```

Six books by Dashiell Hammett

This "Finger Man" story originally featured an unnamed narrator, identified as "Carmady" in subsequent stories, and later renamed Marlowe for book publication.

ADD TO CART

The Big Sleep

The story is noted for its complexity, with many characters double-crossing one another and many secrets being exposed throughout the narrative. The title is a euphemism for death; it refers to a rumination in the final pages of the book about "sleeping the big sleep."

ADD TO CART

5 Murderers

Raymond Thornton Chandler was a British/American novelist and screenwriter. In 1932, at age forty four, Chandler decided to become a detective fiction writer after losing his job as an oil company executive during the Great Depression.

ADD TO CART

列表在小屏幕下的
展示很完美。

接下来，为内联图片设置尺寸和位置，使它们整齐地排列在面板的底部。稍后，我们将使用同样的图片作为背景，因此它们的实际尺寸需要比看起来要大一些。

```
@media (min-width: 48rem) {
.item__img {
position : absolute;
top : 330px;
width : 110px;
height : 160px; }

#hb-transitions-01 .item__img { left : 0; }
#hb-transitions-02 .item__img { left : 120px; }
#hb-transitions-03 .item__img { left : 240px; }
#hb-transitions-04 .item__img { left : 360px; }
#hb-transitions-05 .item__img { left : 480px; }
#hb-transitions-06 .item__img { left : 600px; }
```

Six books by Dashiell Hammett

即便在最苛刻的情况下，绝对定位也能给我们提供更好的控制。

我们希望仅仅在用户点击图书封面时才出现内容简介，所以我们让内容简介足够小，以便于定位在图书封面的后面。将 `overflow` 设置为 `hidden`，将确保过长的内容不会溢出而毁掉设计。

```
@media (min-width: 48rem) {
.item__description {
z-index : 1;
position : absolute;
top : 335px;
left : 5px;
width : 100px;
height : 150px;
overflow : hidden; }

#hb-transitions-01 .item__description { left : 0; }
#hb-transitions-02 .item__description { left : 120px; }
#hb-transitions-03 .item__description { left : 240px; }
#hb-transitions-04 .item__description { left : 360px; }
#hb-transitions-05 .item__description { left : 480px; }
#hb-transitions-06 .item__description { left : 600px; }
}
```

现在，给这些内容简介设置一个较低的 `z-index` 值，从而把它们放置在图片的后面。了确保在我们需要的时候才能看到它们，将 `opacity` 设置为 `0`，这样它们就变成了完全透明的。

```
@media (min-width: 48rem) {
.item__img {
```

```
z-index : 2; }

.item__description {
z-index : 1;
opacity : 0; }
}
```

此前，我们故意将锚点指向它的父列表元素。正是这个锚点和 :target 伪类选择器确保了可以触发内容简介的变换。重置内容简介的透明度和位置，然后调整它们的大小，使它填满列表面板的顶部。添加左侧较大的内边距，很快左边就会被背景图片填充。

```
@media (min-width: 48rem) {
.item:target .item__description {
opacity : 1;
top : 0;
left : 0;
width : 100%;
height : 320px;
padding : 20px 20px 0 190px; }
}
```

现在，为每一段内容简介设置相同的背景和边框属性。

```
@media (min-width: 48rem) {
.item:target .item__description {
background-color: #dfe1e2;
background-origin: padding-box;
background-position: 20px 20px;
background-repeat: no-repeat;
background-size: auto 220px;
border: 10px solid #eceeef;
box-sizing: border-box; }
}
```

接下来，为每一段内容简介添加唯一的图书封面背景图。

```
@media (min-width: 48rem) {
#hb-transitions-01:target .item__description {
background-image : url(transitions-01.jpg); }

#hb-transitions-02:target .item__description {
background-image : url(transitions-02.jpg); }
```

```
#hb-transitions-03:target .item__description {
background-image : url(transitions-03.jpg); }

#hb-transitions-04:target .item__description {
background-image : url(transitions-04.jpg); }

#hb-transitions-05:target .item__description {
background-image : url(transitions-05.jpg); }

#hb-transitions-06:target .item__description {
background-image : url(transitions-06.jpg); }
}
```

面板部分已经大致完成，当用户点击一本书的封面，包含内容简介的面板就会浮现在上面。

现在，我们将利用过渡使交互显得更顺畅，使界面更生动。对于每段内容简介，我们将过渡四个属性——`top`、`width`、`height` 和 `opacity`，用逗号将它们分隔。

```
@media (min-width: 48rem) {
.item__description {
transition-property : top, width, height, opacity; }
}
```

最后，为每个属性添加一个持续时间。

```
@media (min-width: 48rem) {
.item__description {
transition-duration : .5s, .5s, .75s, .5s; }
}
```

Six books by Dashiell Hammett

top、width 和 height 的变化将持续 0.5 秒（.5s），opacity 的变化将持续 0.75 秒（.75s）。

横竖屏设计

当 HTML 写得足够健壮，我们的设计将更容易适应不同的浏览环境，包括那些可以横竖屏切换的设备。虽然我们刚刚完成的宽屏幕下的布局在纵向模式下显示得很好，但在横向模式下并不合适。

我们将改变父级区块的高度来开始这种布局。

```
@media (min-width: 48rem) {
.hb-landscape {
position : relative;
width : 760px;
height : 500px; }
}
```

接下来，调整这些内联图片的大小和位置，使它们在面板的左侧形成一个新的网格。

```
@media (min-width: 48rem) {
.item__img {
position : absolute;
width : 100px;
height : 150px; }

#hb-landscape-01 .item__img {
```

```
top : 0;
left : 0; }

#hb-landscape-02 .item__img {
top : 0;
left : 120px; }

#hb-landscape-03 .item__img {
top : 0;
left : 240px; }

#hb-landscape-04 .item__img {
top : 170px;
left : 0; }

#hb-landscape-05 .item__img {
top : 170px;
left : 120px; }

#hb-landscape-06 .item__img {
top : 170px;
left : 240px; }
}
```

将图片布局到网格中。

现在我们需要让描述足够小，将它们隐藏在对应的封面图后面。

```
@media (min-width: 48rem) {
.item .description {
position : absolute;
width : 100px;
height : 10px;
overflow : hidden; }
```

```
#hb-landscape-01 .item__description {
top : 0;
left : 0; }

#hb-landscape-02 .item__description {
top : 0;
left : 120px; }

#hb-landscape-03 .item__description {
top : 0;
left : 240px; }

#hb-landscape-04 .item__description {
top : 170px;
left : 0; }

#hb-landscape-05 .item__description {
top : 170px;
left : 120px; }

#hb-landscape-06 .item__description {
top : 170px;
left : 240px; }
}
```

为每段内容简介设置一个比相应图片更低的 z-index 值，并将它们的 opacity 设置为 0，作为过渡的初始状态。

```
@media (min-width: 48rem) {
.item__img {
z-index : 2; }

.item__description {
z-index : 1;
opacity : 0; }
}
```

使用 :target 伪类选择器将 opacity 重置为 0，将内容简介重新定位并调整大小，使它填满面板的右侧。增加内边距、背景色和粗边框来完善外观。

```
@media (min-width: 48rem) {
.item:target .item__description {
top : 0;
left : 360px;
width : 390px;
```

```
height : 280px;
padding : 20px;
opacity : 1;
background-color: #dfe1e2;
border : 10px solid #ebf4f6; }
}
```

对于这个版本，我们将只过渡两个属性——height 和 opacity。

```
@media (min-width: 48rem) {
.item__description {
transition-property : height, opacity; }
}
```

为每个属性设置过渡持续时间：height 为 0.5 秒（.5s），opacity 为 0.75 秒（.75s）。

```
@media (min-width: 48rem) {
.item__description {
transition-duration : .5s, .75s; }
}
```

提供了一个横向的替代布局。

打破传统

一个网页或 APP 的体验，对于是否能够黏住用户有着巨大的影响。你已经学会了如何添加巧妙的过渡，既可以取悦用户又可以让界面看起来赏心悦目。

在我们设计的三种界面中，通过特定的过渡效果使同样的 HTML 结构支撑了三种截然不同的界面，照顾小屏幕手机用户的同时也不损害大屏幕手机用户的体验。现在它已经很不同凡响了。

多列布局

网页是一种特殊的媒介，与印刷品有着很大的不同，但是，比如杂志或报纸等印刷媒介上的设计思路，可以给 Web 设计带来启发。版式设计师在杂志上使用的多栏布局让我大开眼界。这就是为什么我常常觉得大多数网站布局的缺乏想象力，尤其是在响应式设计时代。这种状态急需改变，而 CSS 多列布局正是其中一种方法。

不借助表现型标记，直接通过 CSS 多列布局创建多列文本，这种做法已经有十年了。我在《超越 CSS》这本书中曾经写过，五年前在本书第一版中又写过一次。我在我参与的所有研讨会上都会教授 CSS 多列布局。但很遗憾的是，每当我问有多少人用过它时，只有很少的人会举手示意。我希望本书可以激发你使用 CSS 多列布局。

正如其名，CSS 多列布局提供了一种仅仅使用 CSS 来创建多列布局的方法，而不借助额外的标记、浮动或其他的布局方式。

在 "Get Hardboiled" 的入口页面，我们就可以看到一个多列布局的例子。对于这个设计，我们将使用列来让内容具有更好可读性。为了实现这个目标，我们一般会增加很多区块来分割内容区，然后让它们通过浮动来创建列。

```
<div class="col">
<p>Raymond Thornton Chandler was an American novelist and
screenwriter. In 1932, at age forty-four, Chandler decided
to become a detective fiction writer after losing his job as an
oil company executive during the Great Depression.</p>
</div>
<div class="col">
<p>Chandler published seven novels during his lifetime (an eighth in
progress at his death was completed by Robert B. Parker).
All but Playback have been made into motion pictures, some several
times. In the year before he died, he was elected president of the
Mystery Writers of America.</p>
</div>
```

这项常用的技术并没有什么本质上的错误，它很容易实现，更重要的是，这种方法很可靠。所以毫无疑问，我们可以看到很多的网站上都在使用这种方式。然而在如今这个响应式设计的时代，我们必须要考虑到很多不同的屏幕尺寸，因此这项技术的缺点远远超过了它的优点。

亲手操作列布局

首先，与其他同类设备相比，iPad 具有不同的尺寸和配置，改变了很多人对于电脑的认知。平板电脑可以做很多事情，但我最常用它来展示响应式以及横竖屏下的布局改变。我有时候会在项目结束后用它来给客户演示效果。当我们纵向拿着 iPad（或者在低分辨率显示器下看）的时候，单列显示 Get Hardboiled 网站首页的内容就很有必要了。因为它充分利用了空间，文字读起来也会很舒服。

单列显示在 iPad 竖屏
时效果很好。

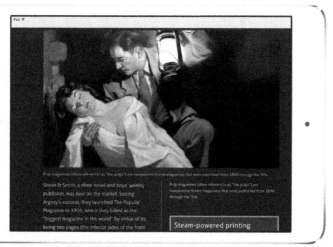

两列相对窄些的内容在 iPad 横屏时更具可读性。

将 iPad 变成横屏（或使用更大的显示器），单列的显示看起来并不合适，因为现在一行的长度阅读起来很不舒服。为了提高横向的阅读体验，我们将使用两列，并将它变得相对窄一些。

如果布局可以自动改变列的数量从而优化用户的阅读体验，是不是很难以置信？使用 CSS 多列布局，就可以做到。

列宽和数量

当我们使用 CSS 多列布局时，可以改变列的数量和宽度来适应不同的屏幕宽度和屏幕方向，这是一件非常简单的事情。我们可以通过两种方式来实现：第一种是定义列的数量；第二种是指定列的宽度。

首先，我们要重写 Get Hardboiled 网站文章的 HTML 结构，移除这些表现型的区块，只在 section 元素中留下结构化的内容。

```
<section>
<p>Raymond Thornton Chandler was an American novelist and
screenwriter. In 1932, at age forty-four, Chandler decided to
become a detective fiction writer after losing his job as an oil
company executive during the Great Depression. His first short
story, 'Blackmailers Don't Shoot', was published in 1933 in Black
Mask, a popular pulp magazine. His first novel, 'The Big Sleep',
```

```
was published in 1939. In addition to his short stories, Chandler
published seven novels during his lifetime (an eighth in
progress at his death was completed by Robert B. Parker). All but
Playback have been made into motion pictures, some several times.
In the year before he died, he was elected president of the
Mystery Writers of America.</p>
</section>
```

并不需要在标记里划分区块，因为我们现在可以用样式表替代这些工作。首先我们用 `column-width` 属性来指定列的宽度，使用包括像素在内的多个单位，但我更喜欢用与文字大小相关的 `rem` 来描述列的宽度。

```
section {
column-width : 32rem; }
```

Raymond Chandler

Raymond Thornton Chandler was an American novelist and screenwriter. In 1932, at age forty-four, Chandler decided to become a detective fiction writer after losing his job as an oil company executive during the Great Depression. His first short story, 'Blackmailers Don't Shoot,' was published in 1933 in Black Mask, a popular pulp magazine. His first novel, 'The Big Sleep,' was published in 1939. In addition to his short stories, Chandler

published seven novels during his lifetime (an eighth in progress at his death was completed by Robert B. Parker). All but Playback have been made into motion pictures, some several times. In the year before he died, he was elected president of the Mystery Writers of America.

如果父级元素变宽，浏览器将会添加新列。当父级元素缩小时，浏览器将会每次删除一列，同时重绘文本来适应布局。

我选择了 `32rem`，是因为对于 1.6rem 的文字大小，它可以提供一个阅读起来很舒适的行的长度，每列大概有 45 到 75 个字符。在小屏幕上，浏览器将仅有一列。当屏幕宽度足以显示多个 `32rem` 宽的列时，浏览器将会动态地显示前两个、三个，甚至更多的列。

浏览器私有前缀

Firefox 和 WebKit 都通过它们的私有前缀实现了 CSS 的多列布局，因此需要加上这些前缀。下面是 W3C 的官方语法。

```
section {
-moz-column-width : 32rem;
-webkit-column-width : 32rem;
column-width : 32rem; }
```

在写本章的时候，Microsoft Edge、Opera Mini 以及 iOS 和 Mac OS 上的 Safari 浏览器都已经实现了无前缀的 CSS 多列布局。

列数

我能想到一些需要指定列的数量而不是列的宽度的设计场景，这种情况下我们将使用 column-count 属性。

对于小屏幕来说，内容区域只需要显示一列。我们并不需要特意指定，因为浏览器将会自动这样显示。由于在中型或大屏幕上使用多列布局更有意义，因此我们把 column-count 声明写在媒体查询中。

```
@media (min-width: 48rem) {
section {
column-count : 2; }
}
```

当浏览器的宽度大于 48rem 时，文本将会排成两列。同样的，当我们需要三列时，我们将使用下一条声明，并将媒体查询的最小宽度设置得更大一些。

```
@media (min-width: 64rem) {
section {
column-count : 3; }
}
```

Raymond Chandler

Raymond Thornton Chandler was an American novelist and screenwriter. In 1932, at age forty-four, Chandler decided to become a detective fiction writer after losing his job as an oil company executive during the Great Depression. His first short story,

'Blackmailers Don't Shoot,' was published in 1933 in Black Mask, a popular pulp magazine. His first novel, 'The Big Sleep,' was published in 1939. In addition to his short stories, Chandler published seven novels during his lifetime (an eighth in progress at

his death was completed by Robert B. Parker). All but Playback have been made into motion pictures, some several times. In the year before he died, he was elected president of the Mystery Writers of America.

响应式布局中，这些列的宽度会有所不同，以适应不同宽度的父容器，但是列的数量会保持不变。

列的简写方式

由于 column-width 和 column-count 两个属性并不重叠和冲突，我们可以把两个 columns 属性合并成一条更短的声明，就像这样。

```
@media (min-width: 48rem) {
section {
columns: 32rem 2; }
}
```

列间距

留白是提高可读性的重要因素，列与列的间距有助于定义不同的阅读区块。我们将在列之间插入间距，可以使用像素来指定间距的大小，但在响应式设计中，使用更加灵活的单位 rem 会更好一些。我们将间距定义为 4rem 宽。

```
@media (min-width: 48rem) {
section {
column-gap : 4rem; }
}
```

为了让设计可以根据用户正在使用的屏幕灵活变化，我们会在大尺寸屏幕上增加列与列的间距。

```
@media (min-width: 64rem) {
section {
column-gap : 6rem; }
}
```

Raymond Chandler

Raymond Thornton Chandler was an American novelist and screenwriter. In 1932, at age forty-four, Chandler decided to become a detective fiction writer after losing his job as an oil company executive during the Great Depression. His first short story.

'Blackmailers Don't Shoot,' was published in 1933 in Black Mask, a popular pulp magazine. His first novel, 'The Big Sleep,' was published in 1939. In addition to his short stories, Chandler published seven novels during his lifetime (an eighth in progress at

his death was completed by Robert B. Parker). All but Playback have been made into motion pictures, some several times. In the year before he died, he was elected president of the Mystery Writers of America.

一个好的响应式设计不仅仅是自适应布局，它还包括对很多元素做一些微小的变化，以便更好的适应用户的屏幕。

列分割线

在 Web 设计中，横向分割线非常重要，它本身有个元素标签——hr。但垂直分割线也同样重要。虽然垂直分割线并没有自己的 HTML 元素，但它拥有 CSS 多列属性，我们将指定 column-rule 的宽度，并使用像素来定义。

```
section {
column-rule-width : 2px; }
```

我也经常要在响应式临界点增加列规则的宽度。在更宽的屏幕上，让列分割线的宽度变得更大。

```
@media (min-width: 64rem) {
section {
column-rule-width : 3px; }
}
```

当然，我们也可以指定列分割线的颜色。

```
section {
column-rule-color : #ebf4f6; }
```

最后，我们可以定义列分割线的样式。主要的样式有虚线、点状虚线和实线，但你也可以使用其他任何 `border-style` 的值。你如果知道 `groove`、`ridge inset` 和 `outset` 四个值也是可用的，一定会很兴奋。

```
section {
column-rule-style : solid; }
```

Raymond Chandler

Raymond Thornton Chandler was an American novelist and screenwriter. In 1932, at age forty-four, Chandler decided to become a detective fiction writer after losing his job as an oil company executive during the Great Depression. His first short story,

'Blackmailers Don't Shoot,' was published in 1933 in Black Mask, a popular pulp magazine. His first novel, 'The Big Sleep,' was published in 1939. In addition to his short stories, Chandler published seven novels during his lifetime (an eighth in progress at

his death was completed by Robert B. Parker). All but Playback have been made into motion pictures, some several times. In the year before he died, he was elected president of the Mystery Writers of America.

CSS 列实现起来快速、简便，并且现代浏览器对其有很好的支持。

CSS 列应用实例

我常常在想，CSS 列易于实现，浏览器的支持力度也不错，为什么很少有人使用它。我想，可能是老旧浏览器的支持不足，导致开发者不愿意去使用它。但老实说，我认为人们不用 CSS 列是因为自身缺乏想象力，不知道应该在什么情况下使用它。

在与其他设计师得交谈中我了解到，大多数人看到 CSS 列的时候，最先想到的是把正文分成区块，这让人很容易联想到杂志和报纸的排版。显而易见，多列布局在印刷媒体中表现得很好，但它在网络中并不一定是最佳选择。下面以 Get Hardboiled 网站中的文章为例。

Classic Hardboiled stories

Pulp magazines (often referred to as "the pulps") are inexpensive fiction magazines that were published from 1896 through the 1950s. The term pulp derives from the cheap wood pulp paper on which the magazines were printed; in contrast, magazines printed on higher quality paper were called "glossies" or "slicks." The typical pulp magazine had 128 pages with ragged, untrimmed edges.

Lurid and exploitative stories

In their first decades, pulps were most often priced at ten cents per magazine, while competing slicks cost 25 cents a piece. Pulps were the successors to the penny dreadfuls, dime novels, and short fiction magazines of the 19th century. Although many respected writers wrote for pulps, the magazines were best known for their lurid and exploitative stories and sensational cover art. Modern superhero comic books are sometimes considered descendants of 'hero pulps;' pulp magazines often featured illustrated novel-length stories of heroic characters, such as 'The Shadow,' 'Doc Savage,' and 'The Phantom Detective.'

The first pulp was Frank Munsey's revamped Argosy Magazine of 1896, with about 135,000 words (192 pages) per issue, on pulp paper with untrimmed edges, and no illustrations, even on the cover.

The steam-powered printing press had been in widespread use for some time, enabling the boom in dime novels; prior to Munsey, however, no one had combined cheap printing, cheap paper and cheap authors in a package that provided affordable entertainment to young working-class people. In six years Argosy went from a few thousand copies per month to over half a million.

Due to differences in page layout however, the magazine had substantially less text than Argosy. The Popular Magazine did introduce colour covers to pulp publishing, and the magazine began to take off when the publishers in 1905 acquired the rights to serialise Ayesha, by H. Rider Haggard, a sequel to his popular novel She.

Haggard's Lost World genre influenced several key pulp writers, including Edgar Rice Burroughs, Robert E. Howard, Talbot Mundy and Abraham Merritt. In 1907, the cover price rose to 15 cents and 30 pages were added to each issue; along with establishing a stable of authors for each magazine, this change proved successful and circulation began to approach that of Argosy.

Steam-powered printing

At their peak of popularity in the 1920s and 1930s, the most successful pulps could sell up to one million copies per issue. The most successful pulp magazines were Argosy, Adventure, Blue Book and Short Stories, collectively described by some pulp historians as "The Big Four." Among the best-known other titles of this period were Amazing Stories, Black Mask, Dime Detective, Flying Aces, Horror Stories, Love Story Magazine, Marvel Tales, Oriental Stories, Planet Stories, Spicy Detective, Startling Stories, Thrilling Wonder Stories, Unknown, Weird Tales and Western Story Magazine.

Although pulp magazines were primarily an American phenomenon, there were also a number of British pulp magazines published between the Edwardian era and World War II. Notable UK pulps included Pall Mall Magazine, The Novel Magazine, Cassell's Magazine, The Story-Teller, The Sovereign Magazine, Hutchinson's

对于多列布局设计有两个重要的提示。第一，也是最重要的一点，通过添加列，我们提供了一个非常规的、很可能更不方便的用户体验。虽然我们在杂志和报纸上已经熟悉了从上到下的读完一列再去读下一列，但在网络上我们还不适合这样做。

阅读体验在小型或中型尺寸的屏幕上可能会不太友好，因为这些列可能超过了屏幕窗口，人们不得不滚动页面来继续阅读。

通栏

幸运的是，有一个 CSS 多列的属性可以帮助我们提升用户的阅读体验，我们只需要在使用的时候认真考虑一下。让我们退回前面的例子。如果我们可以定义整体布局的高度，那么对于多列布局的长文章可以表现得很好，但在响应式设计中这是不太可能的。多列布局对于短文章会非常有效，并具有独特的外观。

为了实现这种较短的列布局需求，我们不需要添加额外的元素，只需要为某些元素添加 `column-span` 属性即可。例如，大标题或者图片元素 `figure`。

```
figure {
column-span : all; }
```

Classic Hardboiled stories

Pulp magazines (often referred to as "the pulps") are inexpensive fiction magazines that were published from 1896 through the 1950s. The term pulp derives from the cheap wood pulp paper on which the magazines were printed; in contrast, magazines printed on higher quality paper were called "glossies" or "slicks." The typical pulp magazine had 128 pages with ragged, untrimmed edges.

Lurid and exploitative stories

In their first decades, pulps were most often priced at ten cents per magazine, while competing slicks cost 25 cents a piece. Pulps were the successors to the penny dreadfuls, dime novels, and short fiction magazines of the 19th century. Although many respected writers wrote for pulps, the magazines were best known for their lurid and exploitative stories and sensational cover art. Modern superhero comic books are sometimes considered descendants of 'hero pulps'; pulp magazines often featured illustrated novel-length stories of heroic characters, such as 'The Shadow,' 'Doc Savage,' and 'The Phantom Detective.'

The first pulp was Frank Munsey's revamped Argosy Magazine of 1896, with about 135,000 words (192 pages) per issue, on pulp paper with untrimmed edges and no illustrations, even on the cover.

The steam-powered printing press had been in widespread use for some time, enabling the boom in dime novels; prior to Munsey, however, no one had combined cheap printing, cheap paper and cheap authors in a package that provided affordable entertainment to young working-class people. In six years Argosy went from a few thousand copies per month to over half a million.

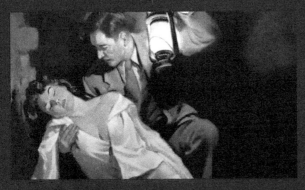

Street & Smith, a dime novel and boys' weekly publisher, was next on the market. Seeing Argosy's success, they launched The Popular Magazine in 1903, which they billed as the "biggest magazine in the world" by virtue of its being two pages (the interior sides of the front and back cover) longer than Argosy. Due to differences in page layout however, the magazine had substantially less text than Argosy. The Popular Magazine did introduce colour covers to pulp publishing, and the magazine began to take off when the publishers in 1905 acquired the rights to serialise Ayesha, by H. Rider Haggard, a sequel to his popular novel She.

Haggard's Lost World genre influenced several key pulp writers, including Edgar Rice Burroughs, Robert E. Howard, Talbot Mundy and Abraham Merritt. In 1907, the cover price rose to 15 cents and 30 pages were added to each issue; along with establishing a stable of authors for each magazine, this change proved successful and circulation began to approach that of Argosy.

Pulp magazines (often referred to as "the pulps") are inexpensive fiction magazines that were published from 1896 through the '50s.

Steam-powered printing

At their peak of popularity in the 1920s and 1930s, the most successful pulps could sell up to one million copies per issue. The most successful pulp magazines were Argosy, Adventure, Blue Book and Short Stories, collectively described by some pulp historians as "The Big Four." Among the best-known other titles of this period were Amazing Stories, Black Mask, Dime Detective, Flying Aces, Horror Stories, Love Story Magazine, Marvel Tales, Oriental Stories, Planet Stories, Spicy Detective, Startling Stories, Thrilling Wonder Stories, Unknown, Weird Tales and Western Story Magazine.

Although pulp magazines were primarily an American phenomenon, there were also a number of British pulp magazines published between the Edwardian era and World War II. Notable UK pulps included Pall Mall Magazine, The Novel Magazine, Cassell's Magazine, The Story-Teller, The Sovereign Magazine, Hutchinson's Adventure-Story and Hutchinson's Mystery-Story. The German fantasy magazine Der Orchideengarten had a similar format to American pulp magazines, in that it was printed on rough pulp paper and heavily illustrated.

```
.columns__span {
column-span : all; }
```

使用跨越列元素来创建更短的多列区域可以提高设计的可用性。

可以看到把页面分成多个比较短的多列布局，使页面结构更加清晰，同时也减少了读者眼睛移动的距离，大大提升了阅读体验。

截断列内容

当我们把内容分割到两列显示时，它会自动均匀分布以达到平衡。但实际上，这常常会导致一些难以预料的结果。

幸运的是，我们可以通过 break-inside 属性来确保元素展示在一起。我们将它应用在一个类名为 columns__break 的元素上，就像这样。

```
.columns__break {
break-inside : avoid; }
```

平行列间的内容有时候是相关联的，就像这个被拆分开的区块一样。

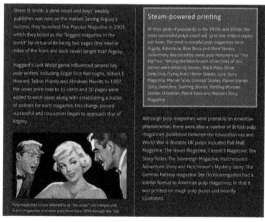

不过可悲的是，写这本书的时候，我们需要采取一些不太方便的方

法，来确保元素在所有浏览器中都可以保持在一起展示。这里涉及了三种不同的属性：第一种用于 Blink 和 WebKit 内核的浏览器（包括 Google、Chrome、Opera 和 Safari）；第二种用于 Firefox；第三种用于 IE10 和 IE11。

```
.columns__break {
-webkit-column-break-inside : avoid;
page-break-inside : avoid;
break-inside : avoid; }
```

在较长的正文中使用 CSS 多列布局时，column-span 和 break-inside 都是解决可读性问题的非常有用的属性。但确保多列布局提高用户阅读体验的最好的办法是，仔细的规划和一点点想象力。

将列表按列显示

不难想象，我们也可以在内容模块中使用 CSS 多列布局提升外观和可用性。事实上，CSS 多列布局在达到特定的响应式临界点，最大化利用空白区域方面非常有用。

我的脑海中立刻浮现出的一个例子，就是一个包含了一系列侦探杂志的列表。

在小屏幕中展示侦探杂志列表。

```
<ul class="list--columns">
<li>Action Stories</li>
<li>Black Mask</li>
```

```
<li>Detective Book Magazine</li>
<li>Detective Story Magazine</li>
<li>Phantom Detective</li>
<li>Pulp Magazine</li>
<li>The Shadow</li>
<li>Spicy Detective</li>
<li>True Detective</li>
</ul>
```

我们不需要添加太多的样式来保证列表在小屏幕下的效果，其默认垂直布局的效果就已经很完美了。

同样的垂直布局在列表很窄时仍然非常适合，例如大尺寸屏幕布局中的侧边栏。然而，在中型尺寸的屏幕上，包括智能手机的横屏模式和各种尺寸的平板电脑，这种垂直布局会产生大量的空白，这样无法对有限的空间充分利用，所以我们可以把 CSS 多列布局和媒体查询结合起来使用来改善这种情况。

我们已经为列表增加了 list--columns 类，在小屏幕下不需要任何特殊的样式。当用户的屏幕尺寸是中等大小，我们将列表分为三列。column-rule 在这里可能不太合适，但 column-gap 可以帮助我们分隔这些列表项，尤其是那些包含文字很长的项。

```
@media (min-width: 48rem) {
.list--columns {
column-count : 3;
column-gap : 4rem; }
}
```

在中等大小的屏幕上更好地利用可用空间。

在媒体查询的临界点，列表将会在空白区域进行延伸。这个布局在大尺寸屏幕上将不再能正常工作，虽然它的窄列容器会转变成为一个侧边栏。让这个布局同样在临界点适用很简单，我们只要简单地用另一个媒体查询将 column-count 设置为 1。

```
@media (min-width: 64rem) {
.list--columns {
column-count : 1; }
}
```

现在，简单的杂志列表在三个响应式临界点之间使用，确保最大化利用可用空间。对我来说，这种对细节的关注可以让设计从平凡提升到非凡。这完全就是响应式设计。

增加标题列数来改进图片设计

每当我看到缺乏想象力的网页图片和图注（用于说明图片内容的文字）设计时，我都会感到很失望。全屏宽度的图像是 Web 设计的大势所趋，你可能会以为设计师将会在图注设计上有所创新，然而可悲的是，大多数的设计仍然坚持图片加单列图注的常规模式。

使用弹性盒模型来改变图注的位置，将会对图片的设计产生巨大的影响。现在我们可以做到更多，通过多列布局让它看起来更加与众不同。

我们不需要对图片元素 figure 的标签进行任何改变，只需要为图注 figcaption 标签增加一个 figcaption__columns 类即可。

```
<figure>
   <img src="hardboiled.jpg" alt="">
   <figcaption class="figcaption__columns">Hardboiled heroes are
almost always down at heel, usually broke, often drunk and living
on a diet of black coffee and smokes - hey, that sounds like
most web designers I know. They have a good woman to help them
stay on the straight and narrow but don't always treat her as
well as they should. When a glamorous redhead walks in the room,
a hardboiled hero can't help but turn his head.</figcaption>
</figure>
```

乍一看，图片看起来还可以接受，但仔细看，这么小的图注字号导致每一行会有很多的文字。即便是只有几行，阅读起来也很不舒服。我们可以调整它的字号来适应这种设计，但是这可能会使图注在视觉上与正文内容难以区分。我们可以通过多列布局来改善这种情况，同时保证文字的大小不变。

图注太长了，无法
让人舒适地阅读。

这一次，我们指定每一列的宽度为 `32rem`，如果浏览器有足够的空间，
浏览器会尽可能多地创建新的列。小屏幕无法享受到多列布局的便利，
因此我们通过媒体查询为中等尺寸屏幕做相应的定义。

```
@media (min-width: 48rem) {
.figure--classic figcaption {
column-width : 32rem;
column-gap : 4rem; }
}
```

将标题分割为多列，
阅读起来更舒适有趣。

我们已经在图注 `figcaption` 的列之间增加了 4rem 的间距，为了提升
大尺寸屏幕下的视觉效果，我们同样也添加一个距离 `figcaption` 元
素 4rem 的左边距。

```
@media (min-width: 64rem) {
.figure--classic figcaption {
```

```
margin-left : 4rem; }
}
```

Hardboiled heroes are almost always down at heel, usually broke, often drunk and living on a diet of black coffee and smokes—hey, that sounds like most web designers I know. They have a good always treat her as well as they should. When a glamorous redhead walks in the room, a hardboiled hero can't help but turn his head.

添加一些大小等于列间距的边距，让图片看起来更加生动、有趣。

老旧浏览器的应用

到目前为止，我们一直致力于围绕支持 CSS 多列布局的现代浏览器进行开发，那么对不支持这些属性的老旧浏览器应该怎么做呢？答案很简单，什么都不做。因为不支持多列布局的浏览器会自动忽略它们的样式，用一列文字来替代。这看起来有点简单粗暴，但这是公平的。因为还在使用老旧浏览器的用户根本不会知道自己错过了什么。

在支持多列布局和不支持多列布局的浏览器中，我们可以使用 @support CSS 特性查询方法来调整图注文字的大小。

```
.figure--classic figcaption {
font-size : 1.6rem; }

@supports ( column-width : 32rem ) {
.figure--classic figcaption {
font-size : 1.4rem; }
}
```

然而，不支持 CSS 多列布局的老旧浏览器不太可能会理解 @support 的含义。那么，当一个设计决定了我们必须区分浏览器的时候，可以使用 Modernizr 来检测是否支持，然后为我们的设计提供替代方案。

由于我们只关注为那些不支持 CSS 多列布局的浏览器提供替代方案，我们可以使用 Modernizr 检测的类名（.no-csscolumns）来隔离这些样式，就像这样。

```
.no-csscolumns {
.figure--classic figcaption {
font-size : 1.6rem; }
}
```

打破传统

现代浏览器对 CSS 多列布局已经有了很好的支持，对于那些尚未支持 CSS 多列布局的浏览器也都实现了优雅的降级，然而很少有设计师和开发者使用它，这让我感到非常遗憾。我理解，用户可能因为可用性的问题而不采用 CSS 多列布局，但我们只是需要一点精心的规划和想象力便能克服这些问题，让多列布局的设计更加独特、更加有趣。我希望本章能够鼓舞你们使用 CSS 多列布局，并在下一个设计中好好利用它。

这是一件轻而易举的事

在 CSS 高级进阶部分：背景融合和滤镜增加了设计的深度；3D 场景下的转换、缩放、旋转和倾斜完成了我们曾经无法单独利用 CSS 实现的效果；CSS 过渡使状态的改变更加流畅、简单的动画成为可能，并让设计变得更加生动；最后，CSS 多列布局使网页排版能够适应各种尺寸的屏幕和多种类型的设备。

前端体验设计之旅

我必须要和读者说声抱歉，当我开始坐下构思本书的这一版时，我本以为短短数周就可以完成。当时我找了身边几位好朋友，让他们阅读本书的第 1 版，以便告诉我哪一方面需要在最新版里做下升级，他们都表示第 1 版已经很好，也经历了时间的考验。我知道，必须要替换里面的案例和教程，因此我计划更新几十张图片；此外，有些章节内容需要替换，比如 flexbox 的内容，远远比教大家做 CSS 动画要重要得多。然而，我低估了新版书的变动规模，以至于这就像写一本新书。最终，我新增了五章内容，替换了 350 张图片。所有的案例和教程都做了更新，以便让它们与今天的响应式技术相匹配。

今时今日，开发网站的方式与当年我写本书第 1 版时候产生了巨大得差异，我对此认识不足。

如今在做设计和开发，必须要考虑响应式设计，以便网站或者应用时适配任何尺寸的屏幕大小和设备类型。而性能优化在今天更是一个问题，所有的设计师和开发者必须意识到，性能对于用户体验越来越重要。

对本书内容的更新需要花费点力气。我必须去思考设计工具和流程有什么问题。设计师与工程师之间的协作需要更加紧密，这意味着创意过程和开发过程不能分开考虑各自的部分，而应该是从公司整体的高度，去构建和思考整个商业结构。我们现在常见的设计过程——比如原子化设计以及构建设计指南——意味着我们的老板或者客户的阶段性期望值也要相应改变。这种改变不可能一蹴而就，而会是一个日积月累的过程。在今天，网站或者应用的开发与过去已经截然不同，它越来越需要每一个人在设计和开发过程中的全程参与。

为了适应行业的变化，很多人越来越依赖熟悉的设计模式。当设计未知世界时，我们渴望可以预测一切，于是我们创建了相应的流程，以便我们的工作更加可靠。流程是我们过往尝试过的方法，以及总结过的经验的总和。但是遵从公式会有什么结果？一个按照固定模式做的设计，肯定是因循守旧的，谁喜欢这样的东西？我想你也不会喜欢。

我们不需要按照规定去开发高性能、响应式的网站或应用。即使我们这样做了，那么谁又来制定规则呢？还是我们。谁使用这些规则？依旧是我们。谁对这些网站负责，谁来保证更好的 Web 设计？是每一个从业者——我们。老板们、顾客和客户们会受益吗？不会，依然是我们。所以这一切值得我们为之激情付出。

有人说，总结性的研究、定性和定量的分析、心理学、人类学和人机交互、框架、原型、功能规范和流程图，都要比创新重要。让这种想法见鬼去吧，这种想法阻碍了我们去产生更好的创意，但是却输出了许多的条条框框。我们所用的流程和技术，应当给我们的创意插上实现的翅膀，而不是限制它的发挥。

这些科技要比五年前强大得多，我们很幸运，现代浏览器对于这些技术有了更快、更好和更强的支持。更庆幸的是，我们也拥有如此多的客户，不仅欣赏我们的响应式设计，还非常理解在不同浏览器中设计会有不同的样子。所有这些因素都是去创新的好机会，也是让商业体验更加优秀的机会。

从来没有什么最好的时机，唯有张开双臂紧紧拥抱变革，大家加油吧！